Louisa Dellert
mit Deborah Weinbuch

Mein Herz schlägt grün

Louisa Dellert
mit Deborah Weinbuch

Mein Herz schlägt grün

Weltverbessern für Anfänger

KOMPLETTMEDIA

BILDNACHWEIS

© Nina Witte 2, 10, 12, 13, 16–17, 18, 26, 30, 34, 44, 55, 56, 57, 59, 61, 62, 81, 84, 85, 87, 89, 92, 96, 97, 99, 100, 114, 121, 126, 127, 129, 131, 141, 152, 154, 162, 173, 184, 188, 189, 192, 194, 195, 197, 198, 199, 200, 203, 205

© shutterstock AfriramPOE: 20; Kritsana Maimeetook: 31; MIA Studio: 33; Byron Ortiz: 41 a; Andre Bonn: 41 b; r.classen: 41 c; Binh Thanh Bui: 41 d/j; Gavran333: 41 e; Iurii Kachkovskyi: 41 f; Hong Vo: 41 g; Dionisvera: 41 h; bogdandimages: 41 i; Maks Narodenko: 41 k; Kovaleva_Ka: 41 l; Gajus: 42; chadin0: 47; Ranko Maras: 50; anmbph: 65; James Mattil: 67; Bilanol: 70; Supavadee butradee: 73; Marc Bruxelle: 82; JpegPhotographer: 93, 94; focal point: 101 li.; Oliay: 101 re.; Peter Gyorfi-Batori: 111; Lora liu: 112, 113; Alena Mozhjer: 115; Sponuka: 123; Iakov Filimonov: 125; Spectral-Design: 134; Kozlenko: 143; Africa Studio: 144; PlusONE: 146; stockcreations: 150; diy13: 155; PureRadiancePhoto: 158; MongPro: 161; rudolfgeiger: 165; DioGen: 170; Heike Rau: 174; arosoft: 175; Rich Carey: 179; Svend77: 180; Lukassek: 181; vvoe: 187

IMPRESSUM

Originalausgabe
2. Auflage 2018
Verlag Komplett-Media GmbH
2018, München/Grünwald
www.komplett-media.de
ISBN: 978-3-8312-0471-7
Auch als E-Book erhältlich

Hinweis: Das vorliegende Buch ist sorgfältig erarbeitet worden. Dennoch erfolgen alle Angaben ohne Gewähr. Weder Autor noch Verlag können für eventuelle Nachteile oder Schäden, die aus den im Buch gegebenen Hinweisen resultieren, eine Haftung übernehmen.

Realisation: Deborah Weinbuch, Hamburg
Lektorat: Redaktionsbüro Diana Napolitano, Augsburg
Korrektorat: Redaktionsbüro Julia Feldbaum, Augsburg
Umschlaggestaltung: Guter Punkt, München
Grafische Gestaltung, Bildredaktion und DTP:
Lydia Kühn, Aix-en-Provence, Frankreich
Druck & Bindung: Longo SPA I AG, Bozen

Printed in Italy

klimaneutral
natureOffice.com | IT-213-020465
gedruckt

apple paper • cartamela • apfelpapier

Carta prodotta utilizzando gli scarti industriali della lavorazione della mela.
Dalla MELA alla CARTA contribuendo alla soluzione
di un delicato problema ambientale.

Dieses Papier wurde aus Resten, die bei der industriellen Verarbeitung
von Äpfeln anfallen, hergestellt. Aus dem APFEL entsteht PAPIER;
somit wird bei der Lösung eines empfindlichen Problems beigetragen.

INHALT

VORWORT: ZUSAMMEN KOMMEN WIR WEITER

Als ich beschloss, mein Leben zu ändern, wehte mir eine steife Brise entgegen. Viele Menschen ärgerten sich, wenn ich nur einen Schritt in Richtung Nachhaltigkeit machte und nicht gleich hundert auf einmal. Ich kann sie verstehen. Je mehr ich mich mit dem Thema beschäftige, desto emotionaler werde auch ich. Denn als mir klar wurde, wie stark beinahe jede meiner täglichen Handlungen die Umwelt beeinflusst, war ich zunächst erschrocken. Eine Art Ohnmachtsgefühl hätte sich beinahe breitgemacht: Das ist so viel, ich schaffe das nie, meinen Lebensstil wirklich zu verbessern. Es fühlte sich ein bisschen an, als stünde man vor dem ersten Lauftraining seines Lebens und wollte sich nun auf einen Marathon vorbereiten. Das ist möglich. Aber es braucht Zeit. Wir steigern uns langsam, nach ein paar Wochen konsequentem Training kommen uns fünf Kilometer Laufen schon vor wie ein Klacks. Einige Monate später beeindruckt uns eine Zehnkilometerstrecke auch nicht mehr. Und so geht es weiter. Ich bin als Fitnessbloggerin bekannt geworden, vor allem über das soziale Netzwerk Instagram. Als ich dort irgendwann Hunderttausende Follower hatte, nannte man mich »Influencerin«.

Influencerin heißt übersetzt »Beeinflusserin«. Ein großer Titel für jemanden, der sich im Grunde nur ausprobiert und andere an seinen Wegen und Erkenntnissen teilhaben lässt. Weil ich aber auch eine Verantwortung spüre, wenn ich so viele Menschen erreiche, möchte ich das Beste daraus machen. Ich habe im letzten Jahr viel recherchiert, ausprobiert und begonnen, einiges in meinem Leben grundlegend zu ändern. Weil mir diese Welt am Herzen liegt. Weil ich will, dass sie schön und lebenswert bleibt und ich meinen Teil der Verantwortung wahrnehmen möchte – für mich persönlich und vielleicht als Wegbegleiter für andere.

Wir leben in einer Welt, in der die Menschen gegenseitig mit dem Finger aufeinander zeigen. Die Fehlbarkeit der anderen ist schnell entdeckt und beschrien, vor allem in den sogenannten sozialen Medien. Doch so kommen wir nicht weiter. Wir müssen uns selbst und gegenseitig Raum geben, uns weiterzuentwickeln, Schritt für Schritt. Wo wäre der Mensch heute, wenn er das Auto hätte vor dem Rad erfinden wollen? Wer würde jemandem sagen, er solle keine neue Sprache lernen, weil er nach wenigen Stunden erst ein paar Vokabeln beherrscht? Wer könnte heute joggen, wenn er nicht als Kind erst mit kleinen, tapsigen Schritten begonnen hätte, hingefallen, aufgestanden, weitergestolpert wäre? Mit einem Ziel vor Augen, damals waren es vielleicht Mamas ausgestreckte Arme, heute ist es eine Welt, die wir auch unseren Kindern vererben können, ohne uns zu schämen.

Hier geht es nicht ums Ego. Es geht nicht darum, wer der beste Öko ist. Sondern darum, dass wir der Welt geben, was wir können. Dass wir tun, was wir können – und möchten. Denn jeden Tag wägen wir neu ab, was uns heute möglich ist und was nicht. Jeden Tag können sich Umstände ändern. Würdest du dein gesamtes Fitnesstraining hinwerfen, nur weil du an einem Wochentag eine Einheit verpasst hast? Damit wäre nichts gewonnen. Die Entscheidung zu einem nachhaltigen Leben ist keine Entweder-oder-Sache.

Wenn du vielleicht mit einem oder zwei kleinen Schritten startest, merkst du, wie gut dir das tut. Eine winzige Sache ein kleines bisschen besser machen als sonst. Vielleicht durchströmt dich dann ein Glücksgefühl. Mir geht es so. Nein, prahlen kann man damit nicht, wenn man wieder etwas Strom gespart oder mit einer Trockenseife das Haar gewaschen hat. Wer Applaus will, bloggt und postet über andere Themen. Mir ist nur wichtig, dass wir darüber reden, was wir tun können. Dass wir gemeinsam neue Ansätze und Lösungen finden und uns vor allem gegenseitig darin bestärken, uns endlich mal einen Ruck zu geben. Wenn wir als Community es schaffen, einen Sog zu erzeugen, uns selbst und unseren Lieben hin und wieder einen wohlmeinenden kleinen Tritt in den Hintern zu geben, dann kann das Wunder noch geschehen.

Wenn wir auf die Unkenrufe hören, die sagen, es bringt doch alles nichts – ja, dann wären wir als Menschheit tatsächlich dem Untergang geweiht. Aber ich gebe nicht so schnell auf, das ist nicht meine Persönlichkeit. Es gehört innere Stärke dazu, wenn man in den Dialog mit Menschen tritt, die eine gewisse Lust am Meckern empfinden. Zum Teil haben sie ja recht: Ich kenne nicht die Antworten auf alle Fragen. Aber ich bin bereit, dazuzulernen. Und zu staunen. Darüber, wie viel Bockmist wir momentan hier auf der Erde verzapfen. Und wie viel wir wiedergutmachen können.

Wenn wir uns sicher fühlen mit unseren Baby-Schritten, können wir tiefer eintauchen, noch mehr testen, schauen, was geht in unserem Leben, das mit keinem anderen vergleichbar ist. Statt uns übereinander aufzuregen und uns gegenseitig anzuschwärzen, sollten wir uns endlich zusammenreißen und unsere Energie für etwas Sinnvolles einsetzen. Jeder fängt bei sich an. Denn letztlich sind unsere eigenen Taten das Einzige, was wir wirklich in der Hand haben.

EINLEITUNG: DER WEG IST DAS ZIEL

Wir haben zwei Zuhause: die Erde und unseren Körper. In beiden sollten wir uns wohlfühlen. Wir können nicht dauerhaft gesund bleiben, wenn wir einem oder beiden Heimen immer wieder Schaden zufügen. Dann fangen wir früher oder später an zu kränkeln, denn wir sind untrennbar mit unserer Erde verwoben. Wir Menschen haben unserem wunderbaren Planeten in den vergangenen Jahrzehnten immer mehr zugemutet, immer mehr Müll, immer mehr Abgase. Doch es gibt eine Gegenbewegung. Gerade immer mehr junge Menschen sagen inzwischen: Es reicht! Wir möchten auch noch in ein paar Jahrzehnten hier vernünftig leben und unsere Erde genießen können. Gedankenloses Vor-sich-Hinleben ist out.

Für mich persönlich ist dieser Sinneswandel wie eine Transformation. Sie geschieht nicht von heute auf morgen, sondern in kleinen Schritten. Denn erst einmal müssen Probleme erkannt, Lösungen gefunden und dann neue Verhaltensweisen eingeübt werden. Die alten Muster sitzen tief. Sie sind mit den Werten unserer Gesellschaft verbunden. Muss ich wirklich immer die neueste Mode tragen? Was verspreche ich mir davon? Dass ich mehr anerkannt oder geliebt werde? Ohne tief in unser Herz zu schauen, werden wir keinen nachhaltigen Wandel herbeiführen können – und der ist bitter nötig. Deshalb widme ich mich in diesem Buch immer wieder psychologischen Aspekten der Transformation – und auch, welche Auswirkung es auf die Beziehung hat, wenn einer der Partner auf einmal ganz vieles anders macht als bisher.

In der Vergangenheit habe ich oft Raubbau an mir selbst betrieben. Als Fitness-Bloggerin und Influencerin auf Instagram stand ich unter ständiger Beobachtung. Ich verfiel in eine Art Fitnesswahn, wollte immer noch dünner sein und noch mehr Leistung bringen. Ich trieb exzessiv Sport, bis ich nur noch 46 Kilo wog und meine Knochen herausstanden. Seltsamerweise bekam ich für diese Selbst-Schindung jede Menge Applaus.

Dann kam das große Erwachen: Aufgrund eines Herzfehlers musste ich operiert werden. Als ich aus der Narkose aufwachte, dämmerte es mir: Ich muss meinem Körper so dankbar sein, dass er noch funktioniert. Das ist nicht selbstverständlich. Ich möchte mich nun um ihn kümmern, ihn liebevoll umsorgen, seine Bedürfnisse wahr- und ernst nehmen. Das war der Beginn einer Liebe zu mir selbst. Und ich glaube, dass sie die Grundlage ist, um andere und eben auch Mutter Erde tatsächlich von Herzen zu lieben. Wie innen, so außen. Erst wenn wir uns selbst wertschätzen und mit uns selbst Mitgefühl entwickeln, können wir das ebenso für andere tun. Ansonsten bleiben wir hart und beuten uns und andere weiter aus.

Heute wiege ich gesunde 56 Kilo, ich mache Sport – aber eben so viel, wie mir guttut. Als ich anfing, mich selbst mehr zu spüren, fühlte ich auf einmal auch Wut und Trauer, wenn jemand der Umwelt Schaden zufügte. Ein Schlüsselerlebnis hatte ich im Urlaub mit meinem Freund Jan in Kalifornien. Romantischer hätte der Moment nicht sein können: das Meer, der Sonnenuntergang und eine warme Umarmung von meinem Liebsten. Plötzlich störte etwas die Bilderbuch-Szenerie. Eine Frau warf dramatisch ihren Zigarettenstummel in den Sand. Er landete direkt neben uns. Plötzlich erkannte ich, wie egozentrisch wir doch oft sind. Wie sehr mit uns selbst beschäftigt, verstrickt in kleine und große persönliche Dramen, sodass wir die Dinge um uns herum oft kaum noch wahrnehmen. Oft benehmen wir uns nicht viel besser als trotzige Zweijährige, die davon ausgehen, dass sich die Welt ganz selbstverständlich nur um sie dreht. In jenem Alter ein notwendiger Entwicklungsschritt. Schade allerdings, wenn wir da stehen bleiben.

Jan und ich standen auf und gingen schweigend nach Hause. In mir arbeitete es. Ich teilte meine Gedanken auf Instagram. Einige nahmen es dankbar auf, andere wollten nichts davon wissen, wollten nicht gestört werden bei ihren Gewohnheiten, fast könnte man sagen, in ihrer Trance. Denn wir müssen doch in einer Trance sein, in einer Art Traum, wenn wir glauben, wir könnten weitermachen wie bisher, ohne irgendwann den bitteren Konsequenzen ins Auge zu sehen.

Ich war auch in dieser Trance. Immer schon habe ich gesagt: Ich liebe die Natur, vor allem das Meer. Doch ich habe mein Konsumverhalten nicht damit in Verbindung gebracht, dass es diesem wunderschönen Lebensraum immer schlechter geht. Heute treibt es mir die Tränen in die Augen, wenn ich die Nachrichten lese. Mittlerweile steckt sogar im teuren Fleur de Sel Mikroplastik. Für das Gourmetgewürzmittel werden die Salzblumen, die sich an heißen Tagen an der Wasseroberfläche bilden, mit einer Holzkelle vorsichtig abgeschöpft. Doch in der vermeintlichen Feinkost gebunden sind nun verschiedene Kunststofffasern aus zersetztem Verpackungsmüll, so eine neue Untersuchung des NDR-Verbrauchermagazins »Markt«. Diese Schweinerei ist mittlerweile in allen Weltmeeren zu finden.

Ich möchte bei dieser Umweltzerstörung nicht mehr mitmachen. Ich möchte ausbrechen, Dinge anders machen. Aufräumen, Platz für Neues schaffen: neue Ideen, Sichtweisen, Wege und Erfahrungen. Sicher habe ich noch ganz viele blinde Flecken. Ich öffne mich für den Prozess und mache eine Bestandsaufnahme. Zuerst bei mir als Person: Was ist mir wichtig? Wer möchte ich sein? Ich gestehe mir Fehler ein – und das tut gut. Denn ich bin ein Mensch, und das spüre ich nun mehr als je zuvor. Mit mehr Herz als Verstand unternehme ich die ersten Schritte in ein bewussteres und nachhaltiges Leben. Hilfreiche Hinweise aus der Community nehme ich auf und werde sicherer. Wir brauchen einander, um uns die Augen zu öffnen.

Jan und ich sind zum Jahreswechsel raus aus Hamburg zurück aufs Land gezogen. Wir haben uns verkleinert, genießen dafür unseren eigenen Garten und die Hühner, die darin frei herumlaufen. Im Februar 2018 habe ich einen kleinen Onlineshop für nachhaltige, verpackungsreduzierte Waren ins Leben gerufen. Wo uns die Reise noch hinführt? Das bleibt spannend. Aber ich freue mich, wenn ihr, liebe Leser, uns ein Stück weit dabei begleitet und selbst ausprobiert, was ihr in euren Alltag integrieren könnt und möchtet. Ganz viele Ideen und Angebote dazu findet ihr in diesem Buch. Ich wünsche euch viel Freude damit und uns allen eine gute Zukunft.

Eure Lou

NEUSTART IN MEIN GRÜNES LEBEN

JEDER SCHRITT ZÄHLT

CHECK: WO STEHE ICH GERADE?

Lebe ich schon recht nachhaltig, oder bin ich ein echter Öko-Sünder? So recht wusste ich das nicht einzuschätzen, als ich mich zum ersten Mal bewusst damit beschäftigte. Also blieb nur die radikale Bestandsaufnahme. Wir starteten in der Küche.

Jan und ich holten alles aus den Schränken und Regalen, um zu sehen, was dort in irgendwelchen vergessenen Winkeln möglicherweise traurig vor sich hin alterte. Unser Plan: Zunächst alles aufbrauchen, was wir haben, dann nachhaltiger einkaufen. Beim Ausräumen kam der Schock: Viele Dinge hatten wir ungeahnterweise doppelt und dreifach, Gewürze teilweise sogar vier- bis fünffach. Auch vier Packungen Reis fanden wir – wir hatten die alten einfach vergessen. Wir schrieben alles auf eine Liste, die wir abhaken konnten, wenn wir die Lebensmittel verbraucht hatten. Denn sinnlos wegwerfen wollten wir nicht mehr. Auch unseren Müll haben wir eine Woche lang bewusst beobachtet. So viele Plastik- und Pappabfälle! Ich begann, Gläser anzuschaffen für das Einkaufen im Unverpackt-Laden. Meine Erfahrungen dort findest du auf Seite 66.

Doch irgendwie war uns das zu wenig. Wir wollten mehr, wollten wissen, welchen Effekt die Dinge und Aktivitäten unseres Alltags wirklich auf unsere Umwelt haben. Deshalb haben wir uns verschiedene CO_2-Rechner angeschaut und Bewertungen und Empfehlungen der Umweltverbände und des Umweltbundesamtes durchforstet. Wir wollten Infos mit Substanz, etwas Messbares, etwas, was uns noch bewusster macht für das, was wir tun können. Was wir als Erstes fanden, war der bittere Ist-Zustand.

UNFASSBAR: SO VIEL MÜLL PRODUZIEREN WIR

Wir Deutschen sind Europameister! Im Müllproduzieren! Kein Scherz: 213 Kilo Verpackungsmüll verursacht ein jeder von uns pro Jahr. Das ist ungefähr so viel wie vier Lous nebeneinander.
2003 waren es noch 187,5 Kilo. Diese Zahlen gehen aus der Antwort der Bundesregierung auf eine kleine Anfrage der Grünen Bundestagsfraktion hervor. Grund ist vor allem, dass wir immer mehr shoppen und die neuen Produkte immer wieder aufwendig verpackt werden. **Am gesamten Müllaufkommen in Deutschland haben Verpackungen einen Anteil von knapp 50 Prozent.**

Neulich habe ich auf meiner üblichen Laufstrecke Müll aufgesammelt. Innerhalb von 30 Minuten kam eine stattliche Menge zusammen. Mittlerweile sind einige meiner Freunde und Follower schon mitgekommen und feiern mit mir den sogenannten »Plogging«-Trend aus Schweden: Plastik aufsammeln beim Joggen. Lässt sich übrigens wunderbar mit Fitnessübungen wie tiefen Kniebeugen verbinden. Ich glaube, manchen Menschen ist einfach nicht bewusst, was sie unserer Umwelt antun.

Seit Einführung des gelben Sacks glauben wir, dass Plastik und Aluminium ohnehin recycelt werden und wir uns deshalb nicht weiter darum zu kümmern brauchen. Schön wäre das – 2007 wurden aber in Deutschland über 2,6 Millionen Tonnen Plastikverpackungen verbraucht und nur 63 Prozent davon wiederverwertet. Die übrigen eine Million Tonnen landeten im Restmüll und wurden größtenteils verbrannt. Von den jährlich erzeugten 14 Millionen Tonnen Styropor wird nur ein Prozent recycelt, gibt der BUND bekannt.

PLASTIKTEPPICHE UND -STRUDEL IN DEN WELTMEEREN

Jedes Jahr werden zudem 600 Milliarden Plastiktüten hergestellt und weggeworfen. Dabei hinkt Deutschland mit seinem Umweltbewusstsein merklich hinterher. Einige Staaten haben sie mittlerweile verboten: Bangladesch war der erste im Jahr 2002. Mittlerweile sind 40 andere Länder diesem Beispiel gefolgt, viele davon in Afrika und im Pazifik. In Frankreich dürfen seit 2016 keine dünnen Einwegtüten mehr abgegeben werden. Jüngstes und konsequentestes Beispiel ist Kenia. Dort wird seit August 2017 eine Geldstrafe von bis zu 32.000 Euro fällig, wenn man mit einer Plastiktüte erwischt wird. In Deutschland sind wir noch nicht so weit. Immerhin: Seit Plastiktüten hier Geld kosten, sieht man kaum jemanden mehr eine im Laden mitnehmen.

Weltweit gelangen 80 Prozent des Kunststoffmülls, laut UNO sind das sechs Millionen Tonnen pro Jahr, über Flüsse oder vom Winde verweht in die Ozeane. Hinzu kommen rund 675 Tonnen Müll, die direkt ins Meer gekippt werden, dies schätzt die Meeresschutzorganisation Oceana. Die Hälfte davon ist Plastik. In jedem Quadratkilometer der Ozeane treiben laut einer UN-Studie bis zu 18.000 Plastikteile. Regelrechte Müllteppiche haben sich gebildet. In der Nähe des Naturparadieses Hawaii dreht sich ein gigantischer Müllwirbel im Uhrzeigersinn. Hier rotieren über drei Millionen Tonnen Plastikmüll, die von zwei Meeresströmungen hergetragen werden. Derzeit ist er etwa doppelt so groß wie der US-Bundesstaat Texas. Auch im Südpazifik, Atlantik und Indischen Ozean fahren die Abfälle Karussell.

Nicht nur dort, auch außerhalb dieser zentralen Müllwirbel fallen ständig Tiere dem Plastik zum Opfer: Schildkröten, Fische

WELTWEIT WERDEN MEHR ALS 200 MILLIONEN TONNEN PLASTIK PRO JAHR HERGESTELLT. ETWA EIN VIERTEL DAVON VERBRAUCHT EUROPA, SO EINE STUDIE VON PLASTICSEUROPE. DEUTSCHLAND IST MIT 11,5 MILLIONEN TONNEN DER GRÖßTE ABNEHMER. DEN LÖWENANTEIL DARAN HABEN VERPACKUNGEN. GERADE DARAN KÖNNEN WIR ALS KONSUMENTEN ABER GANZ VIEL ÄNDERN.

und Krebse – verhungert, erstickt, erwürgt. 100.000 Meeressäuger verenden jährlich laut Greenpeace qualvoll durch den Müll. Wie die Vögel fressen sie das Plastik versehentlich oder verfangen sich darin. Größere Plastikteile versperren bei ihnen die Passage des Magen-Darm-Trakts. Plastik zerreibt sich durch die Gezeiten zu kleinen Partikeln, die Fische zwangsläufig aufnehmen – und schließlich wir, wenn wir sie essen. Über die gesundheitlichen Folgen wird spekuliert, erhöhte Giftstoff-Konzentrationen werden immer wieder nachgewiesen.

BEIM EINKAUFEN DEN UNTERSCHIED MACHEN

Im Supermarkt kann man schon mal sauer werden. Unnötiger Müll umhüllt dort oft beinahe jedes Lebensmittel. Jetzt mal im Ernst: Bananen im Plastikbeutel? Wozu? Auch Karotten könnten wunderbar ohne das Plastiksäckchen drumherum auskommen, Paprika ebenfalls. Mich beschleicht der Verdacht, dass diese Verpackungsorgien einfach nur dazu da sind, damit wir mehr kaufen als eigentlich nötig. Beispiel: Eigentlich brauche ich nur eine Paprika. Sie wird aber nur im Dreierpack angeboten. Also nehme ich das Ganze mit nach Hause, esse aufgrund meines schlechten Gewissens zwei statt nur einer Paprika, die dritte vergammelt im untersten Fach meines Kühlschranks. Das kann doch nicht sein!

Auch die meisten anderen Dinge, die wir kaufen, sind fast allesamt in Plastik abgepackt: Reinigungsmittel, Kosmetika, Konsumgüter wie Technikartikel. In den späteren Kapiteln habe ich mir deshalb ganz konkret überlegt, wie wir die Plastikflut eindämmen können. Gemeinsam können wir einen Unterschied bewirken, bevor unser schöner Planet im Plastik versinkt.

WIE BITTE?! SO VIEL CO_2 PRODUZIEREN WIR

Neben Müll produzieren können wir Deutschen noch eine Sache richtig gut: Kohlendioxid verursachen. Wir bringen es hierzulande auf elf Tonnen Kohlendioxid pro Jahr. Der globale Durchschnitt liegt bei sieben Tonnen. Kein Grund, sich auf die Schulter zu klopfen. Im Gegenteil: Das globale Ziel – in der Klimarahmenkonvention der Vereinten Nationen (UN) festgelegt – sind zwei Tonnen! Das ist die Voraussetzung, damit die Erderwärmung nicht mehr als die berühmten kritischen zwei Grad Celsius beträgt. Wie bitte, neun Tonnen pro Person sollen wir reduzieren? Das sind gut und gern 80 Prozent – wie soll das denn funktionieren?

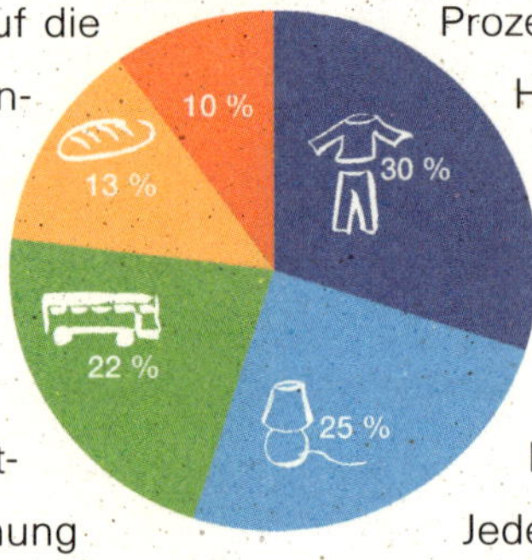

Das werden wir mit diesem Buch gemeinsam austesten. Ich lade euch herzlich dazu ein, die jeweiligen Challenges am Ende eines jeden Kapitels auszuprobieren und mir Feedback zu geben. Mich interessieren eure persönlichen Erfahrungen! Aber zunächst noch ein Blick darauf, wie wir es eigentlich schaffen, so viel Kohlendioxid zu produzieren. Denn das, was wir ausatmen, ist bei diesen Berechnungen kaum gemeint.

Zu 90 Prozent sind unsere CO_2-Emissionen auf unser Verhalten zurückzuführen – und das können wir beeinflussen. Zu 30 Prozent entfallen sie auf das Shoppen von Konsumgütern wie Klamotten oder Handys, zu 25 Prozent auf Strom und Wärme zu Hause, zu 22 Prozent auf die Mobilität und zu 13 Prozent auf die Ernährung. Das sind die Zahlen des Umweltbundesamtes. Mein schickes neues Outfit ein Klimasünder – wieso das denn? Jedes Mal, wenn wir etwas kaufen, wurde dafür Energie verbraucht: zur Rohstoffgewinnung, zur Herstellung, für den Transport, später für seine Nutzung und schließlich für seine Entsorgung. Wie stark wir das Klima belasten, hängt also auch ganz wesentlich davon ab, wie shoppingvernarrt wir sind.

WIE UNTER EINER GLASGLOCKE

Aber ist denn Kohlendioxid wirklich so böse? Immerhin kommt es doch ganz natürlich in unserer Erdatmosphäre vor. Das ist richtig, allerdings ist es eines der wichtigsten Gase, die den Klimawandel

ALBTRAUM KLIMAWANDEL

Eigentlich wissen wir Bescheid. Wenn wir weitermachen wie bisher, schmelzen die Polkappen und Gletscher ab, der Wasserspiegel der Ozeane erhöht sich – im schlimmsten Fall um drei bis acht Meter, warnt Greenpeace. Dann heißt es zum Beispiel »Auf Wiedersehen, ihr schönen Städte New York, Hong Kong oder Buenos Aires«. Die werden dann nämlich überflutet. Auch heftige Stürme nehmen überall auf der Welt zu.

Andernorts würde man sich über ein bisschen Nass freuen. Dort gibt es immer mehr und heftigere Hitzewellen und Dürren. Lebenswichtige Ernten der Menschen dort fallen aus. Auch bei uns wird das Essen teurer, weil das Wetter verrücktspielt. Im letzten Jahr haben beispielsweise Spätfröste die Preise für Äpfel und Co. explodieren lassen. Eins ist klar: Entweder wir tun jetzt etwas, oder es wird richtig ungemütlich auf der Welt.

Es ist eine Sache zu wissen, was zu tun ist, und eine andere, es tatsächlich umzusetzen. Genau genommen muss man unsere bisherigen Handlungen als absoluten Fail werten. Allein seit Mitte des 20. Jahrhunderts hat sich unser Kohlendioxidausstoß nämlich weltweit verdreifacht! Das gibt das Bundesumweltamt bekannt.

Mir geht es manchmal auf die Nerven, wie viele Menschen sich über die Politik aufregen, selbst aber an ihrem Lebensstil nichts ändern. Ihr Lieben, die Politik wird das für uns nicht regeln. Ja, es gibt gute Nachrichten von unseren gewählten Vertretern. Auf dem UN-Klimagipfel in Paris 2015 beschlossen sie zum Beispiel ein Abkommen, dass die gesamte Welt zwischen 2045 und 2060 ihre Netto-Treibhausgasemissionen auf null (Ja, null!) zurückfahren muss. Leider erst mal nicht viel mehr als ein Lippenbekenntnis. Das tolle Abkommen ist nämlich nicht verbindlich, sondern kann auch ohne Strafe wieder gebrochen werden. Jüngst so geschehen durch den aktuellen Präsidenten der USA, Donald Trump. Er hat beschlossen, die Förderung fossiler Brennstoffe wieder massiv anzukurbeln. Auf ausländische Solaranlagen (die meisten werden in China hergestellt) sei eine Sondersteuer von 30 Prozent geplant, berichten internationale Tageszeitungen.

Auch Deutschland kann nicht gerade eine Lobeshymne auf sich anstimmen. Ja, wir waren mal Trendsetter. Damals, als wir ganz viel vom Kohleausstieg geredet haben. In den letzten Jahrzehnten hatten wir einen super Ruf als Vorreiter beim Umweltschutz. Jetzt wendet sich das Blatt. Eigentlich war der Plan, dass wir bis 2020 unsere Kohlendioxidemissionen um

40 Prozent senken. Von diesem Ziel hat sich unsere Regierung aber nun verabschiedet. Kohleausstieg – verschoben auf unbestimmte Zeit. Hierzulande wird 40 Prozent der Energie des Stroms derzeit aus Kohle erzeugt.

Noch ein Grund zum Schämen: In diesem und im kommenden Jahr wird Deutschland noch nicht einmal die Klimaziele der EU einhalten können. Das wird teuer für uns. Denn es bedeutet, dass die Bundesregierung sogenannte Emissionszertifikate von Ländern kaufen muss, die sauberer wirtschaften oder einfach weniger Industrie haben. Die EU schreibt sogenannte Treibhausgas-Budgets für die Industrie vor. Bereits 2016 lag Deutschland mit 1,8 Millionen Tonnen CO_2 über der Obergrenze. Lassen wir uns gehen?

Man muss es mal so sehen: Die Politik, also unsere Bundesregierung, versucht, es stets sehr vielen Akteuren recht zu machen – dazu gehört auch die Industrie. Da stehen wirtschaftliche Interessen oft dem Umweltschutz entgegen. Wer sich also zurücklehnt und fordert, die Politik solle das Problem lösen, hat also einfach nicht verstanden, wie sie funktioniert. Was erwarten wir denn noch von ihr? Dass sie ein Limit auf die Kilometer legt, die wir mit dem Auto fahren dürfen? So viel Bevormundung will doch keiner. Dabei lagen 2017 die CO_2-Emissionen von Autos und Co. bei 906 Millionen Tonnen. Eigentlich wollte die Bundesregierung bis 2020 das Verkehrs-CO_2 auf 751 Tonnen drücken. Da werden wir uns aber noch mächtig am Riemen reißen müssen – und zwar wir persönlich, jeder für sich mit seinen tagtäglichen Entscheidungen. Das heißt nicht, dass wir am besten nur noch zu Hause sitzen. Was für einen Unterschied zum Beispiel die einzelnen Verkehrsmittel machen, siehst du in den kommenden Kapiteln. Kleiner Spoiler: Die aktuelle SUV-Mode ist Gift fürs Klima!

Wir müssen also unsere eigene Klimapolitik machen, sonst wird das nichts. Und zwar, indem wir erst einmal vor unserer eigenen Haustür fegen. Wir selbst müssen schauen, wie wir aufhören, unnötiges CO_2 zu verballern – und wir müssen Wege finden, überschüssiges CO_2 aus der Atmosphäre zu binden. Zu beiden Seiten der Medaille möchte ich mit diesem Buch durch Lösungsvorschläge beitragen. Das hohe Ziel ist die Klimaneutralität. Aber jeder kleine Beitrag hilft! Er hilft uns, Zeit zu gewinnen, noch weitere, bessere Lösungen zu entwickeln. Die besonders cleveren Köpfe unter uns können in dieser Zeit noch sauberere Technologien und nachhaltige Wirtschaftsmodelle entwickeln.

DIE BILANZ EINES T-SHIRTS

WAS IM LADEN SO HÜBSCH AN DER STANGE BAUMELT, HAT MEIST EINEN LANGEN WEG HINTER SICH. ZUERST WURDE DIE BAUMWOLLE ANGEBAUT – WENN ES KEIN ÖKO-SHIRT IST, MIT UNMENGEN VON DÜNGERN UND PESTIZIDEN. BAUMWOLLE GEHÖRT ZU DEN PFLANZEN, DIE AM HÄUFIGSTEN FÜR DEN MASSENANBAU GENMANIPULIERT WERDEN. DIE SPRITZMITTEL FÜR DIESE PFLANZEN SIND BESONDERS STARK UND SCHÄDLICH FÜR ALLE ANDEREN ORGANISMEN. BEI JEDEM PRODUKTIONSSCHRITT ENTSTEHEN NUN KLIMAGASE: BEIM ANBAU – ALLEIN SCHON FÜR DEN TRAKTOR, DER ÜBERS FELD FÄHRT –, BEI DER VERARBEITUNG, BEIM TRANSPORT ZUR NÄHEREI UND SCHLIESSLICH MEIST ÜBERS MEER BIS HIN ZUM LADEN. SO HAT EIN 300 GRAMM SCHWERES T-SHIRT BEI SEINER ANKUNFT IN DER SHOPPING-MEILE IMMERHIN SCHON STOLZE SIEBEN KILOGRAMM CO_2 VERURSACHT, DARAUF WEIST DIE UMWELTSCHUTZORGANISATION BUND HIN. BEI DIESEN ZAHLEN IST ABER DER EINSATZ VON CHEMIKALIEN BEI DER PRODUKTION UND DÜNGEMITTELN FÜR DEN ANBAU NOCH GAR NICHT MITGERECHNET.

verursachen. Man nennt diese Gase auch Treibhausgase, weil sie sich genau so verhalten: Kohlendioxid und Co. absorbieren einen Teil der Wärme, die von der Erde abstrahlt, und reflektieren diese zurück, statt sie ins Weltall entweichen zu lassen. Deshalb heizt sich unser Planet immer mehr auf, wenn die Menge des Kohlendioxids in unserer Atmosphäre nicht in Balance mit anderen Gasen ist. Die Menge macht's. Wie Paracelsus über die menschliche Gesundheit sagte: Die Dosis macht das Gift. Und das gilt eben ebenso für die Umwelt und Klimagase.

WARUM BELASTET DIE INDUSTRIE DAS KLIMA SO SEHR?

Immer wenn eine Pflanze wächst, bindet sie CO_2. Verbrennen wir sie, beispielsweise ihr Holz, wird dieses CO_2 wieder in die Atmosphäre freigesetzt. Gleiches gilt für Kohle, die ja Reste fest zusammengepresster toter Pflanzen beinhaltet. Erdöl besteht aus abgestorbenen Algen und Plankton, die auf den Meeresboden gesunken waren und dort mindestens 10.000 Jahre unter dem Druck der Wassermassen zunächst eine Art Schlamm und später eben das Öl gebildet haben. Auf ähnliche Weise entsteht auch Erdgas. Kohle, Erdöl und Erdgas werden deshalb unter dem Namen »fossile Brennstoffe« zusammengefasst. Und die werden von der Industrie leider immer noch im großen Stil verfeuert, um Waren zu produzieren.

WELCHEN LEBENSSTIL VERTRÄGT UNSER KLIMA?

Okay, bis hierhin erst einmal: Wir müssen also unseren CO_2-Verbrauch senken. Wissenschaftler haben auch schon ausgerechnet, wie sehr. Den Berechnungen der Organisation »Ein guter Tag« zufolge darf jeder Mensch pro Tag maximal 6,8 Kilo CO_2 durch seine Handlungen verursachen, damit das Klima im Gleichgewicht bleibt. Ganz schön abstrakt – aber nicht, wenn du dir die Auflistung ab Seite 27 anschaust. Damit kannst du ja mal ein bisschen an deinem Taschenrechner herumspielen und schauen, auf welche Werte du so kommst. Und welche du sparen willst. Wenn alles gut läuft, sparst du mit deinem neuen Wissen sogar Tonnen an CO_2. Und stelle dir mal vor, was passiert, wenn das alle Leser dieses Buches machen!

SO VIEL CO_2 PUSTEN WIR IN DIE LUFT

Bei der folgenden Übersicht handelt es sich um Durchschnittswerte (*Angaben in Gramm CO_2*), die den Einzelfall möglicherweise nicht genau beschreiben, uns aber doch sehr schön aufzeigen, was in etwa wie viel ausmacht. So bekommen wir ein Gefühl für die Verhältnismäßigkeiten, können mit diesen Werten »spielen« und schauen, was wir im Alltag hinbekommen, ohne uns gleich wieder wie Steinzeitmenschen in eine Höhle zurückzuziehen.

MOBILITÄT – PRO 10 KILOMETER

Zu Fuß oder mit dem Fahrrad = nix
Zug, Reisebus oder U-Bahn = 340–408
Motorroller = 816
Motorrad = 952
PKW (z.B. VW Golf) = 1088
Flugzeug = 2516
SUV = 3604

KRASS: MIT EINEM SUV IST DIE FORTBEWEGUNG KLIMASCHÄDLICHER ALS MIT DEM FLUGZEUG!

GETRÄNKE

Leitungswasser = nix
Espresso/Kaffee, 1 Tasse = 20,4
Schwarztee, 1 Tasse = 47,6
Bier, 0,5 Liter = 47,6
Fruchtsaft, 200 ml = 68
Limonade, 330 ml Aludose = 204
Wein, importiert, 1 Achtel = 272
Mineralwasser, 1 Liter = 612

O, LÀ, LÀ, WASSER AUS DER LEITUNG IST KLIMANEUTRAL, AUS DER FLASCHE EIN ECHTER KLIMASÜNDER.

LEBENSMITTEL

Salat, 100 Gramm = so gut wie nix
Kartoffeln, 100 Gramm = 14
Paprika (Freilandanbau), 100 Gramm = 20
Nudeln, 100 Gramm = 41
Mischbrot, 100 Gramm = 61
Tofu, (Bio, Natur-Tofu), 100 Gramm = 68
Müsli, 100 Gramm = 136
Erdbeeren (in der Saison), 250 Gramm = 136
Banane, 1 Stück = 136
Quark oder Joghurt, 100 Gramm = 136
Milch, 100 ml = 136
Bio-Ei, 1 Stück = 136
Olivenöl, 100 ml = 136
Toastbrot, 100 Gramm = 204
Reis, 100 Gramm = 272
Fischstäbchen (aus Kabeljau), 100 Gramm = 408
Butter, 15 Gramm = 408
Tiefkühlpizza (Margherita) = 476
Aufschnitt (Salami), 100 Gramm = 748
Hühnerfleisch, 100 Gramm = 748
Käse, 100 Gramm = 1020
Rindfleisch, 100 Gramm = 1088

HMM, DIE KLIMABILANZ VON KÄSE LIEGT ÜBER SIEBENMAL HÖHER ALS DIE VON QUARK ODER JOGHURT. DAS HÄNGT MIT DER REIFUNG ZUSAMMEN. EINE VEGANE ODER EINE VEGETARISCHE MAHLZEIT OHNE KÄSE KANN BIS ZU 90 PROZENT CO_2 SPAREN.

HAUSHALT

Notebook, 1 Stunde = 27

Wasserkocher, 1 Liter = 41

Computer, 1 Stunde = 68

Fernsehen, 1 Stunde = 136

Geschirrspüler laufen lassen = 476

Wäsche waschen und im Trockner trocknen = 680

Heizen mit Fernwärme, 1200 Kilowattstunden pro Jahr = 1632

Heizen mit Erdgas, 1000 Kubikmeter pro Jahr = 2720

Heizen mit Heizöl, 1000 Liter pro Jahr = 3740

HEIZEN IST BEI WEITEM DIE GRÖẞTE STELLSCHRAUBE, AN DER WIR IM HAUSHALT DREHEN KÖNNEN.

SHOPPING

T-Shirt, Lebensdauer 6 Monate = 34

Regenabweisende Jacke, 6 Monate = 68

Lederschuhe, Lebensdauer 6 Monate = 136

Jeans, Lebensdauer 6 Monate = 204

ALLTAGS-EINKAUF

Tetrapak = 68

Toilettenpapier, Recycling = 68

Tageszeitung = 204

Schnittblumen, Rosen aus Kenia = 204

OKAY, DIE CO_2-BILANZ DIESER PRODUKTE IST SOGAR RELATIV ÜBERSCHAUBAR. TROTZDEM MACHEN SIE INSGESAMT DEN GRÖẞTEN POSTEN UNSERER GESAMTBILANZ AUS. IN DIESEM FALL GILT ALSO: DIE MENGE MACHT'S.

WOHER KOMMEN DIESE WERTE?

Die Wissenschaftler der Organisation »Ein guter Tag« (eingutertag.org) haben die oben gelisteten Alltagsaktivitäten und Produkte unter die Lupe genommen und den durchschnittlichen CO_2-Ausstoß ermittelt. Diese Werte habe ich als Grundlage für Wochenwerte genommen, um eine direkte Vergleichbarkeit zu ermöglichen. Einfach weil man manche Dinge nicht jeden Tag macht und andere sich erst im Lauf der Zeit aufsummieren.

BÄUME BRAUCHT DIE WELT! CO_2 DURCH PFLANZEN WIEDER BINDEN

Mehr Bäume zu pflanzen könnte ein entscheidender Schlüssel sein, um die drohende Klimakatastrophe zu verhindern. Wälder tragen in der Umweltpolitik auch den Namen »Senken«, was wenig charmant aber präzise darauf hinweist, dass sie eben die CO_2-Konzentration in der Luft *senken*. Das machen sie, indem sie mithilfe von Sonnenlicht das Kohlendioxid aus der Luft in Zucker und Sauerstoff umwandeln. Dieser Prozess nennt sich Photosynthese. Den Sauerstoff atmen die Bäume dann gleichsam wieder aus. Mensch und Baum ergänzen sich also perfekt!

Bis 2050 müssen etwa 500 Milliarden Tonnen CO_2 aus der Luft eliminiert werden, das hat unter anderem die Umweltorganisation »Plant for the Planet« errechnet. Das ist eine ganze Menge. Nur wenn wir alle an einem Strang ziehen, ist das überhaupt zu schaffen. Wer also gelegentlich sündigt, in CO_2-Hinsicht, der sollte deshalb Bäume pflanzen – oder pflanzen lassen. Ganze zusammenhängende Wälder sind dabei am wertvollsten. Der dort entstehende Humus, also der herrlich duftende Waldboden, bindet sogar dreimal mehr CO_2 als die Bäume an sich. Die Erde ist ein kostbarer Schatz. Das haben wir irgendwie vergessen, nehmen sie oft nur noch als Dreck unter unseren Schuhsohlen nach dem Joggen wahr.

Wir kaufen uns jedoch nicht von unserer Verantwortung frei, CO_2 zu sparen, wenn wir Bäume pflanzen, sondern wir packen das Problem parallel von der anderen Seite an. Es ist eine der einfachsten und effektivsten Möglichkeiten, kurzfristig im großen Stil etwas bewirken zu können. Weil Kinder oft schlauer sind als Erwachsene, trägt die Wald-Aufforstungs-Initiative für Kinder »Plant for the Planet« diese Einstellung schon lange in ihrem Motto: »Stop talking. Start planting.«

RAN AN DIE CHALLENGE!

Gute Vorsätze scheitern vor allem daran, dass wir sie zu hoch aufhängen. Versuchen wir, zu viele Veränderungen auf einmal in unser Leben einzubauen, streikt das Gehirn gern. Es geht dann in den Trotz-Modus und hat überhaupt keine Lust mehr. Deshalb macht es wenig Sinn zu denken: »Ich muss jetzt Plastik sparen.« Viel angenehmer ist es zu denken: »Ich erlaube mir, heute mit meinem stylischen Jutebeutel einkaufen zu gehen.« Das fühlt sich gleich ganz anders an, freier – denn wir haben die Freiheit, uns jeden Tag, jede Minute neu zu entscheiden.

Du brauchst nicht gleich alle Challenges auf einmal zu machen. Wenn du magst, suchst du dir erst einmal einen Lebensbereich aus. Nach und nach, wenn du Lust hast, kannst du weitere dazunehmen. Jeder kleine Schritt ist besser als keiner! Im Endeffekt ist es doch so: Die Masse macht's.

DESHALB HABE ICH AUCH – WIE BEI EINEM FITNESSKURS – VERSCHIEDENE LEVEL IN DIESES BUCH EINGEBAUT. AM ENDE DER KOMMENDEN KAPITEL GIBT ES JEWEILS EINE CHALLENGE AUF EINSTEIGER- UND EINE AUF FORTGESCHRITTENEN-NIVEAU. SPARST DU DABEI EIN KLEINES BISSCHEN CO_2, GIBT'S DAFÜR EINEN BAUM-EMOJI. SPARST DU RICHTIG VIEL CO_2, KANNST DU BIS ZU FÜNF BAUM-EMOJIS ERREICHEN – ANALOG DEM 5-STERNE-BEWERTUNGSSYSTEM BEI HOTELS UND RESTAURANTS.

Wenn wir alle mit anpacken und Kleinigkeiten in unserem persönlichen Leben verbessern, hat das auf einmal ganz schön viel Gewicht.

Die kleinen Schritte vermitteln uns schnell ein Erfolgsgefühl und helfen beim Dranbleiben. Wenn du in der kleinen Variante gestartet bist, werden sich die Maßnahmen irgendwann normal anfühlen. Dann kannst du noch einmal die großen Challenges ausprobieren. Tatsächlich kommt man mit vielen kleinen Schritten meist weiter als mit der perfekten Alles-oder-nichts-Version. Wir sollten uns von Anfang an klarmachen, dass es Ausnahmen geben wird. Vielleicht hast du es vor lauter Arbeit einfach nicht geschafft einzukaufen und musst dir dein Essen samt Verpackungsmüll liefern lassen. Wirf dann nicht gleich die Flinte ins Korn! Der unperfekte Weg ist besser, als aus Angst vor dem Scheitern gar nichts zu verändern.

Neue Gewohnheiten müssen Spaß machen, damit wir am Ball bleiben. Für mich ist es ein Erfolgsgefühl, wenn ich anhand der Bäumchen sehe, was ich heute bewirkt habe. Außerdem wird die Veränderung so greifbarer. »Ich möchte mich umweltbewusster verhalten« ist unendlich weit und schwammig. Stattdessen können wir auch sagen: »Heute komme ich mindestens auf drei Bäumchen!« Daraus entwickelt sich vielleicht ein Grundsatz: »Pro Woche ziele ich auf 10 Bäumchen.« Das wird dann unser Prinzip, nach dem wir handeln. Und feste Prinzipien werden zu Überzeugungen, die irgendwann gar nicht mehr aus unserem Leben wegzudenken sind.

EXKURS: DIE ERDE WIEDER LIEBEN

Das #MeToo-Statement, das in den letzten Monaten in den sozialen Medien kursierte – unsere Erde würde es ganz groß auf ihren Seiten posten, wenn sie könnte. Denn sie weiß, wie es sich anfühlt, ausgebeutet, misshandelt und entwertet zu werden. Und das Schlimme ist, dass wir – auch du und ich – daran beteiligt sind. Aus Unbewusstheit. Weil wir nicht fühlen, was wir da tun.

Eigentlich könnten wir sanft zur Erde sein. Wir könnten uns bei jedem Shopping-Ausflug für umweltfreundliche Produkte entscheiden. Und uns fragen, ob wir sie überhaupt wirklich brauchen. Oft überwiegen dann aber andere Faktoren, die wichtiger erscheinen: Was sieht am besten aus, womit kann ich vor anderen am meisten glänzen? Unsere Sehnsucht nach Anerkennung und Verbundenheit ist groß. Der Mensch ist ein soziales Wesen. Gerade Frauen wird seit Jahrtausenden weisgemacht, dass sich ihr Wert wesentlich an ihrem Äußeren bemisst. Um Zurückweisung zu vermeiden, um das Gefühl zu haben, gewollt zu sein, wird deshalb der schöne Schein zur Priorität. Gerade in sozialen Medien wie Instagram, wo einige Menschen mehrmals am Tag Fotos von sich selbst mit immer anderen schicken Klamotten präsentieren, wird diese Sehnsucht – die wir doch alle nachvollziehen können – sichtbar.

Dabei wissen wir, wie sich unsere Erde fühlt. Wir wissen, wie es ist, wenn die eigenen Ressourcen ausgebeutet werden. Wer von uns hatte nicht schon einmal das Gefühl, sich zwischen Ansprüchen und Forderungen anderer aufzureiben, bis kaum noch etwas von uns übrig ist? Wir wissen, wie es ist, als Objekt behandelt zu werden. Als Spielball, der vor allem den anderen gefallen und dienen soll. Aber das sind wir nicht. Und unsere Erde ist das auch nicht.

Dass wir die Erde so ausgebeutet haben, hat aus meiner Sicht ganz viel mit unserem Seelenzustand zu tun. Unser Innerstes ist so verletzt, dass wir uns selbst oft kaum noch spüren können. So viel müssen wir abspalten, um den Alltag und die Nachrichten überhaupt ertragen zu können. Ausbeutung ist in unserer Gesellschaft Normalität, wird uns als Sachzwang verkauft. Wir haben kaum noch Zeit, einfach mal ziellos an einer Wiese entlangzuschlendern, uns hinzusetzen und den Schmetterlingen beim Fliegen zuzusehen. Wir sind entkoppelt, losgelöst von dem, wo wir eigentlich hingehören.

Vielleicht hast du wie ich das Gefühl, dass deine Bedürfnisse oft nicht gehört wurden oder du deswegen zurückgewiesen wurdest. So haben wir gelernt, immer mehr unsere

wahren Gefühle zu unterdrücken. Vielleicht wurde dir manchmal der Mund verboten. Vielleicht wurdest du einfach ignoriert. Wir haben alle unsere eigene Geschichte, konnten aber nicht immer alles teilen und verarbeiten. Wie mit uns umgegangen wird, das verinnerlichen wir irgendwann. Nicht bewusst, das wäre zu schmerzhaft. Wir drücken es weg.

Doch was wir nicht verarbeiten, das wird zu unserem Schatten. Dieser bestimmt dann aus dem Untergrund, wie wir handeln. Was uns zugefügt wurde, geben wir weiter, ohne es zu merken. Nicht an andere Menschen, dafür sind die meisten von uns dann doch zu mitfühlend. Aber unbewusst an etwas, das sich dazu nicht äußern, sich nicht wehren kann.

Unsere Erde hat keine Stimme. Sie kann nicht mit Worten zustimmen, wenn wir etwas von ihr nehmen und nichts zurückgeben. Letztlich können nur wir ihre Stimme sein – und dazu müssen wir uns in sie einfühlen. Mit einer Empathie, die erst dann gelingt, wenn wir uns selbst wieder voll spüren können. Wenn wir unsere eigenen Gefühle heilen, uns mit uns selbst aussöhnen – dann heilen wir auch unsere Beziehung zu unserer Erde. Das gilt für Frauen, aber ebenso für Männer. Auch sie wurden durch unsere Kultur verletzt. Schon kleinen Jungen wurde eingeimpft, dass sie eben nicht fühlen sollen: »Ein Indianer kennt keinen Schmerz.«

Doch etwas liegt in der Luft. Die Zeiten ändern sich. Wir beginnen, unser Inneres wieder mehr wahrzunehmen. Wir definieren unsere eigenen Werte, beginnen zu spüren, dass wir wertvoll sind – einfach weil wir sind. Dabei können wir uns kollektiv den Rücken stärken. Gemeinsam unsere ureigenen Bedürfnisse neu entdecken. Und schließlich die unserer Erde. Wir sind unauflöslich mit ihr verbunden, sind ein Teil von ihr. Wir hinterlassen Spuren, egal, was wir tun. Aber das können ebenso schöne Eindrücke sein. Ausdrücke unserer Liebe.

KÜCHENGLÜCK

ESSEN IST LEBEN

Bis vor Kurzem waren Jan und ich noch »MHD-gläubig« – also trauten dem aufgedruckten Mindesthaltbarkeitsdatum auf den Verpackungen oft mehr als unseren eigenen Nasen und Geschmacksnerven. Ich mag gar nicht darüber nachdenken, wie viel wir deshalb in den Müll geworfen haben, obwohl es noch völlig in Ordnung gewesen wäre. Das ist nicht nur Lebensmittelverschwendung und unnötiger Müll, sondern auch pure Geldverschwendung. Mittlerweile weiß ich: Viele Frischprodukte sind noch Tage nach diesem Datum völlig in Ordnung, Trockenprodukte wie Reis und Linsen oft sogar noch Wochen später. Vertrauen wir einfach unseren Sinnen! Was gut aussieht, gut riecht und gut schmeckt, ist in aller Regel auch noch gut.

ZWEI EINKAUFSWAGEN PRO JAHR WIRFT JEDER VON UNS WEG

Jährlich wird ein Drittel der für Menschen erzeugten Lebensmittel wieder weggeworfen. Das heißt, rund 30 Prozent der landwirtschaftlichen Anbauflächen wurden sinnlos genutzt. Es wurden sinnlos Wasser, Rohstoffe und Energie verbraucht, es wurde sinnlos CO_2 in die Luft gepustet. Für was also? Für die Tonne. Uff.
Wer's genau wissen will: Für die Erzeugung und anschließende Beseitigung dieser 30 Prozent verursachen wir pro Jahr 170 Millionen Tonnen völlig überflüssiges CO_2. Das ist etwa so viel, wie die Niederlande – also das gesamte Land – in einem Jahr in die Luft blasen.

Für den Löwenanteil dieses vermeintlichen Mülls, nämlich 53 Prozent, müssen wir uns selbst – also die Privathaushalte – an die Nase fassen. Das sagt das Europäische Parlament. Auf das Konto des Handels, auf den so oft in Medien und sozialen Netzwerken geschimpft wird, gehen demnach gerade mal fünf Prozent! Der Rest der verschwendeten Lebensmittel wird von der Lebensmittelverarbeitung, der Gastronomie und den Bauern selbst weggeworfen.

Im Schnitt wirft jeder Mensch in Deutschland pro Jahr durchschnittlich 82 Kilogramm Lebensmittel weg – so viel wie zwei vollgepackte Einkaufswagen. Jetzt schieße ich mal aus der Hüfte. Ist ein Einkaufswagen wirklich randvoll gepackt, muss man doch gut und gern 150 bis 200 Euro für seinen Inhalt bezahlen. Es sind also 300 bis 400 Euro pro Jahr, die wir uns auch aus rein egoistischen Gründen sparen sollten! Immerhin ist es gute Nahrung, die wir irgendwann mal gekauft und dann vergessen haben, bis wir sie als unappetitlich empfunden und entsorgt haben. Rechnet man diese Summe auf 83 Millionen Einwohner in Deutschland hoch, ergibt das den gewaltigen Berg von 6,8 Millionen Tonnen. Den produzieren nur wir, die Konsumenten. Du und ich. Und der Nachbar nebenan.

VORREITER FRANKREICH

IN FRANKREICH IST DEM HANDEL BEREITS VERBOTEN WORDEN, UNVERKAUFTE NAHRUNGSMITTEL EINFACH WEGZUWERFEN. ANSONSTEN DROHEN EMPFINDLICHE GELDSTRAFEN. STATTDESSEN SOLLEN LEBENSMITTEL AN BEDÜRFTIGE GESPENDET ODER ALS TIERNAHRUNG ODER KOMPOST FÜR DIE LANDWIRTSCHAFT VERWENDET WERDEN. UNFASSBAR, DASS DAS NICHT OHNEHIN IMMER SCHON SO LÄUFT. AUCH ITALIEN HAT KÜRZLICH EIN GESETZ VERABSCHIEDET, WAS DAS SPENDEN VON LEBENSMITTELN ZUMINDEST MIT EINER MÜLL-STEUERERLEICHTERUNG BELOHNT. DEUTSCHLAND PLANT KEIN SOLCHES GESETZ, ALLERDINGS UNTERSTÜTZEN VIELE SUPERMÄRKTE HIERZULANDE WOHLTÄTIGKEITSZWECKE WIE DIE TAFEL. IMMER MEHR STELLEN AUCH LEBENSMITTEL FÜR INITIATIVEN WIE FOODSHARING ZUR VERFÜGUNG (→ SEITE 37).

RESTE RICHTIG VERWERTEN

Also nicht gleich nach der Mahlzeit die Reste vom Teller in die Tonne schaben, sondern besser erst einmal aufheben und überlegen, was du noch damit zaubern könntest. Bevor du Übriggebliebenem neues Leben einhauchst, solltest du es allerdings richtig lagern, damit es am nächsten oder übernächsten Tag auch noch gut ist. Ganz unten beim Gemüsefach ist es im Kühlschrank am kältesten. Direkt darüber stellst du am besten die Reste deiner letzten Mahlzeit, nachdem sie komplett abgekühlt sind.

Vielleicht hast du kurz vor dem neuen Wocheneinkauf noch Zutaten, von denen du nur nicht weißt, wie du sie kombinieren sollst. Hier hilft zum Beispiel die Internetseite restegourmet.de. Basierend auf den Zutaten, die du hier eingibst, gibt die Seite Vorschläge für einfache und komplexe Rezepte – vom Bratling bis zur Nusstorte. Einen ähnlichen Service bietet zum Beispiel chefkoch.de an.

Ansonsten heißt es kreativ werden: Mit dem Couscous von gestern kannst du zum Beispiel Paprika füllen. Übrig gebliebenes Gemüse macht sich zusammen mit Kartoffeln gut im Auflauf. Rohkost kannst du mit einem Dip in einen Wrap wickeln und für die Mittagspause mitnehmen. Aus etwas älterem Brot machst du Croûtons für die Suppe oder den Salat, indem du es einfach in kleine Stückchen schneidest und kurz mit etwas Öl und einigen Kräutern in der Pfanne schwenkst. Soßen und Suppen lassen sich grundsätzlich prima einfrieren, überreifes Obst zu Kompott verarbeiten.

CHALLENGE: WENIGER VERSCHWENDEN

LEVEL 1 Sortiere deine Küchenschränke und deinen Kühlschrank um. Alles, was du neu kaufst, kommt nach hinten, das Ältere nach vorn. Wenn du zwei Packungen eines bestimmten Produkts hast, brauchst du kein weiteres kaufen! Verbrauche erst einmal das, was du hast. Wenn etwas schon über dem Mindesthaltbarkeitsdatum ist, schnuppere daran. Wenn es gut riecht und gut aussieht, probiere eine Löffelspitze. Schmeckt es auch gut, dann ist es mit hoher Wahrscheinlichkeit problemlos genießbar, besonders wenn es erst ein oder zwei Tage »drüber« ist.

LEVEL 2 Versuche, aufbauend zu Level 1, wirklich alle Nahrungsmittel bis auf den letzten Schnipsel restlos zu verwerten. Hole dir dazu Inspiration aus dem Internet oder von Instagram, und probiere mal neue Rezepte aus.

FOODSHARING

BEI DIESER EHRENAMTLICHEN UND KOSTENLOSEN INITIATIVE KANN JEDER MITMACHEN. SIE RETTET UNGEWOLLTE LEBENSMITTEL VON BETRIEBEN, ABER AUCH AUS PRIVATHAUSHALTEN. ÜBER DIE ONLINEPLATTFORM FOODSHARING.DE KOORDINIEREN SICH DIE ESSENSRETTER IN IHREN JEWEILIGEN STÄDTEN UND REGIONEN UND TAUSCHEN SICH DARÜBER AUS, WO ÜBRIG GEBLIEBENE NAHRUNGSMITTEL UND MAHLZEITEN UMSONST ABGEHOLT WERDEN KÖNNEN. MITTLERWEILE MACHEN ÜBER 200.000 REGISTRIERTE NUTZER IN DEUTSCHLAND, ÖSTERREICH, DER SCHWEIZ UND ANDEREN EUROPÄISCHEN LÄNDERN MIT.

TOO GOOD TO GO

DIESE APP FÜRS SMARTPHONE ZEIGT DIR RESTAURANTS, CAFÉS UND BÄCKEREIEN AN, BEI DENEN DU ÜBERSCHÜSSIGES ESSEN ZU REDUZIERTEN PREISEN ABHOLEN KANNST. LUST AUF THAI-CURRY FÜR 2,50 EURO? NA LOS!

CLEVER EINKAUFEN

LIEBER HÜBSCH UNPERFEKT ALS IN DIE TONNE

Es gibt aber auch die 30 bis 40 Prozent der Lebensmittel, die im Müll landen, noch bevor sie die Supermärkte überhaupt erreichen. Den Kunden wird bereits vorab unterstellt, sie würden nur perfekte Karotten und Äpfel wollen, genormte Gurken und Bananen. Stimmt das? Ich beobachte mich selbst beim Einkaufen und ertappe mich dabei, dass da vielleicht sogar etwas dran ist. Gerade im Bio-Laden, wo ich schließlich auch etwas mehr bezahle als im Discounter, greife ich automatisch zu der Ware, die mir einwandfrei erscheint. Fleckige Äpfel lasse ich liegen. Vielleicht ist es ein erlerntes Verhalten, weil wir so selten die ganz natürlichen Varianten und kleinen Imperfektionen unserer Lebensmittel sehen. Aber unsere Supermärkte können doch nicht nur Ausstellungsflächen für die Beauty-Queens des Ackers sein.

Wir Menschen haben schließlich alle unsere kleinen Eigenheiten – und sind trotzdem ganz wunderbar, eben so, wie wir sind. Wenn ich für mich beanspruche, dass ich so sein darf, jenseits der Norm, dann sollte ich das auch meinem Essen zugestehen. Ich beschließe, ab sofort krummen Karotten eine Chance zu geben. Die gibt es zum Beispiel beim Bio-Lieferservice »Etepetete« (etepetete-bio.de). Das Unternehmen sammelt unter anderem Charakter-Knollen wie zu klein geratene Kartoffeln oder mehrbeinige Möhren. Manchmal ist der Unterschied zum Gemüse in den Läden kaum erkennbar: minimale Farbabweichungen oder Krümmungen. Versendet wird das Bio-Gemüse und -Obst in mit Maisstärke verklebten Recyclingkartons. Ursprünglich startete Etepetete im April 2014 in München, mittlerweile bedienen sie auch andere Ballungsgebiete mit Erträgen von Bio-Landwirten der jeweiligen Region. Andere Projekte tun es Etepetete gleich: »Ugly Fruits« zum Beispiel, oder »Culinary Misfits«, die vor allem die Gastronomie, Catering und Workshops bedienen.

Erst einmal gehe ich aber auf den Wochenmarkt, der ist schließlich quasi gleich um die Ecke – und werde fündig. Ich kann dort sogar einen guten Preis aushandeln und schwatze noch ein bisschen mit der netten Verkäuferin am Bio-Stand. »Alles, was nach gar nichts aussieht, verfüttern wir einfach an unsere Tiere auf dem Hof«, erzählt sie. Das beruhigt mich. »Manches lassen wir einfach gleich auf dem Feld liegen, wo es dann wieder zu guter Erde wird.« Macht Sinn. Ich beschließe, hier öfter herzukommen.

EIGENTLICH MÜSSTE NIEMAND AUF DER WELT HUNGERN

WÜRDEN LEBENSMITTEL ANSTÄNDIG VERTEILT, WÄREN ALLE MENSCHEN SATT. DANN GÄBE ES KEINE SPENDENAUFRUFE MIT BILDERN ARMER KINDER MIT WASSERBÄUCHEN, DENN SIE WÜRDEN ALLE WOHLGENÄHRT SPIELEN. DIE BITTERE WAHRHEIT UNSERER GESELLSCHAFT IST: ESSEN WIRD EHER WEGGEWORFEN ALS DEN BEDÜRFTIGEN GEGEBEN. HUNGER IST KÜNSTLICH GEMACHT. DA KANN EINEM SCHON MAL SCHLECHT WERDEN. DENN LAUT DEN VEREINTEN NATIONEN (UN) LANDEN JAHR FÜR JAHR RUND 1,3 MILLIARDEN TONNEN LEBENSMITTEL IM MÜLL. ALLEIN IN DEN INDUSTRIENATIONEN VERNICHTEN WIR SO 300 MILLIONEN TONNEN – UND DIESE MENGE WÜRDE AUSREICHEN, UM ALLE HUNGER LEIDENDEN MENSCHEN AUF DER WELT ZU ERNÄHREN. SO, DAS MUSS MAN ERST EINMAL VERDAUEN.

REGIONAL UND SAISONAL EINKAUFEN

Das Beste, das wir fürs Klima tun können: Obst und Gemüse aus der Umgebung und gemäß der Saison kaufen. Das hat den Vorteil, dass es sich zu Hause im Gemüsefach beziehungsweise im Obstkorb noch deutlich länger hält und auch noch mehr Vitamine drinstecken als bei unreif geernteten Exoten, die tagelang über den Ozean geschippert wurden. Beim Transport werden Früchte oft beschädigt und dann ruckzuck aussortiert. Auch so kommt Verschwendung zustande.

Wer saisonal kocht, muss sich meist erst einmal ein paar Rezepte anschauen. Denn nein, Ratatouille mit Auberginen, Zucchini, Paprika und Tomaten ist definitiv kein Wintergericht. Stattdessen heißt es erst einmal recherchieren: Was fängt man mit einer Pastinake an? Wie bereitet man Schwarzwurzeln zu? Wenn du unsicher bist, was bei uns gerade von Natur aus reif wird, lade dir einen gratis Saisonkalender als App auf dein Smartphone.

LOHNT SICH BIO?

Immer wieder heißt es, in puncto Vitamine hätte konventionell angebautes Obst und Gemüse genauso viel zu bieten wie Bio-Ware. Warum also tiefer in die Tasche greifen? Ganz einfach: zunächst aus purem Selbstschutz. Denn Pestizide gibt es auf Bio-Ware deutlich weniger. Immer wieder werden bei konventionellem Obst und Gemüse Belastungen über den Grenzwerten gemessen. Aber selbst wenn sie darunterliegen, sollte man wissen, dass diese Grenzwerte sich nicht wirklich an der gesundheitlich unbedenklichen Dosis orientieren. Es handelt sich mehr um Kompromiss-Aushandlungen zwischen Konsequenzen und den Bedürfnissen der Industrie.

Beim Bio-Anbau wird auf umweltschädliche Pestizide, Herbizide oder Dünger einfach komplett verzichtet. Es kommt keine Gentechnik zum Einsatz, und in den fertigen Produkten finden sich auch keine künstlichen Aromen, Geschmacksverstärker, Farb- oder Konservierungsstoffe. Die Umwelt profitiert davon, dass die Produktion naturnah erfolgt und natürliche Rhythmen beachtet werden. Bio-Böden sind gesünder, und auf ihnen wachsen viele verschiedene Arten. Das erhält das ökologische Gleichgewicht.

Die Landwirtschaftsorganisation der Vereinten Nationen (FAO) kommt deshalb zu dem Schluss, dass der Bio-Anbau einen wichtigen Beitrag zur Ernährungssicherheit in den kommenden Jahrzehnten leisten wird. Am besten durch viele kleine Akteure, zum Beispiel Kleinbauern oder auch Gartenbesitzer.

BIO SCHÜTZT DIE BÖDEN – FÜR LANGFRISTIG GESUNDES ESSEN

Ein guter Grund also, möglichst viele Nahrungsmittel in Bio-Qualität zu kaufen. Selten werden hier ebenfalls Rückstände nachgewiesen, beispielsweise wenn etwas vom Nachbar-Bauern herübergeweht ist. Das sind aber viel geringere Mengen, und es fliegt auch viel schneller auf, weil Bio-Waren ungleich schärfer kontrolliert werden. Übrigens: Wenn du Saisonobst und -gemüse kaufst, ist die Bio-Ware in der Regel nicht teurer als die konventionelle, oftmals sogar preiswerter. Im Hochsommer kann eine Schale Bio-Beeren gut und gern einen Euro weniger kosten als die Variante voller Spritzmittel.

Es gibt aber noch einen weiteren wichtigen Grund für Bio: der Erhalt von fruchtbaren Böden und somit unserer Ernährungs-

DAS DRECKIGE DUTZEND

12 LEBENSMITTEL, DIE DU BESSER BIO KAUFST

1. Paprika

2. Trauben

3. Erdbeeren

4. Spinat

5. Kopfsalat

6. Äpfel

7. Gurken

8. Kirschen

9. Birnen

10. Grünkohl

11. Bananen

12. Pfirsiche

Wenn du kein Bio bekommen kannst, versuche wenigstens, möglichst regionale Lebensmittel zu erwerben. Importware hat neben den langen Transportwegen nämlich noch einen weiteren Nachteil: Außerhalb der EU gelten teilweise deutlich laxere Regeln für den Umgang mit Chemikalien im Anbau. Dort kommen auch Spritzmittel zum Einsatz, die bei uns verboten sind. Eigentlich müsste so belastete Ware beim Import ausgemustert werden. Doch irgendwie schaffen es die Waren doch immer wieder in die Regale unserer Supermärkte.

Wenn du Bio-Lebensmittel kaufst, sparst du zudem automatisch CO_2, laut energieverbraucherportal.de mindestens 15 Prozent. Denn durch den Verzicht auf künstliche Düngemittel und Pestizide entsteht eben auch weniger CO_2. Bei Hühnerfleisch spart die Bio-Variante gleich mal 50 Prozent, so die Energieexperten.

sicherheit. Die großen Monokulturen im konventionellen Anbau vermindern ständig die Qualität unserer Böden, viele sind ausgelaugt und bieten nur noch einen Bruchteil ihrer ursprünglichen Nährstoffe. Deutschland ist mittlerweile ein Selen- und Magnesium-Mangelland. Kein Wunder, wenn wir beim Joggen so schnell einen Wadenkrampf bekommen. Unsere Nahrung enthält aufgrund der ausgelaugten Böden mittlerweile bis zu 70 Prozent weniger Mineralstoffe und Spurenelemente. Dumme Sache. Machen wir so weiter mit der konventionellen Landwirtschaft, werden uns bald die Ressourcen knapp, also in diesem Fall die Nährstoffe – und da ist der Klimawandel noch gar nicht mit eingerechnet.

Gesunde Böden brauchen diverse Pflanzen, die auf ihnen wachsen, die sie mit Nährstoffen anreichern. Dazu eignen sich Mischkulturen zum Beispiel mit Lupinen, dem sogenannten »Soja des Nordens«. Mehr Infos und Tipps dazu gibt es im Garten-Kapitel (→ Seite 162 ff.).

DAS GEZERRE UM DIE SPRITZMITTEL

Die EU-Pestizidverordnung soll reformiert werden. Im Vorfeld gleicht das einem Tauziehen zwischen Umweltschützern auf der einen und Industrie-Lobbyisten auf der anderen Seite. »Stop Glyphosat« war eine große Kampagne des letzten Jahres,

die losgetreten wurde, weil der Wirkstoff unter dringendem Verdacht steht, Krebs zu erregen. Grünes Licht für das Gift gab es vorerst trotzdem wieder. Die Ironie: Obwohl es fast alle Pflanzen tötet, wird es als »Pflanzenschutzmittel« bezeichnet. Ein klarer »Fail« im Sprachgebrauch.

Glyphosat ist aber nicht unser einziges Problem. 277 verschiedene Wirkstoffe mit 1490 verschiedenen Handelsnamen sind hier in Umlauf. Laut Bundesamt für Verbraucherschutz und Lebensmittelsicherheit wurden 2006 38.800 Tonnen Pestizide in Deutschland verkauft, 2016 waren es massive 46.900 Tonnen. Unsere Felder werden immer mehr gespritzt. Auch diese künstlichen Spritzmittel schieben unsere CO_2-Bilanz wieder nach oben.

Der Einsatz von Breitband-Herbiziden und -Insektiziden hat zudem in etwa denselben Effekt auf die Flora und Fauna wie Breitbandantibiotika auf unsere Darmflora. Sie vernichten so ziemlich alles, was ihnen in die Quere kommt. Weil es weniger Insekten gibt, gibt es mittlerweile auch viel weniger Vögel in Deutschland – je nach Art bis zu 80 Prozent weniger.

Das vermisse ich sehr: morgens von fröhlichem Vogelzwitschern geweckt werden. Mittlerweile ist es doch deutlich ruhiger vor dem Schlafzimmerfenster geworden. Ob unsere Enkel das überhaupt noch erleben werden? Und werden sie überhaupt noch etwas erleben? Wenn das Insektensterben so weitergeht, werden ja keine Pflanzen mehr bestäubt, und somit fällt auch der Großteil unseres Essens auf dem Teller flach. Mensch, wie dumm sind wir eigentlich?

WIE KOMMEN EIGENTLICH GRENZWERTE ZUSTANDE?

Lars Neumeister ist ein unabhängiger Pestizidexperte (pestizidexperte.de, essen-ohne-chemie.info), der für Organisationen wie Greenpeace, BUND, WWF und verschiedene Verbraucherzentralen arbeitet. Er erklärt auf seinen Webseiten, dass die Grenzwerte für Pestizide in der Regel auf Tierversuchen basieren, jedoch nicht die Effekte auf Babys oder Kleinkinder berücksichtigen. Schwangere und junge Familien sollten deshalb, wann immer möglich, Bio essen. Die festgelegten Grenzwerte gelten zudem immer nur für einen einzelnen Stoff. Wenn nun aber allein auf Trauben zehn verschiedene Gifte nachgewiesen werden – wie viel kommt dann im Lauf eines Tages zusammen? Dass diese Gifte sich in ihrer Wirkung aufschaukeln können – das wird

CHALLENGE: REGIONAL UND SAISONAL EINKAUFEN

LEVEL 1 Kaufe im Bio-Laden ausschließlich Saisonobst und -gemüse.

LEVEL 2 Mache den Großteil deines Wocheneinkaufs bei einem Bio-Stand auf dem Wochenmarkt. Lasse dir auch das Gemüse einpacken, das keinen Beauty-Contest gewinnen würde – es schmeckt ja trotzdem. Plaudere mit den Verkäufern, und lasse dir von ihrem Hof erzählen.

bei keinem Grenzwert berücksichtigt. Wie sich dieser Cocktail auf Nerven, Immunsystem, Leber und Nieren auswirkt, ob sie vielleicht hinter der explosionsartigen Zunahme von Allergien stehen – so genau weiß das keiner.

Ein weiterer Faktor, der in die Festlegung von Grenzwerten einfließt, ist schlicht die Durchschnittsmenge an Giften für ein bestimmtes Gemüse auf dem Feld. Mit Gesundheit hat dieser Aspekt nichts zu tun, nur mit der Wirtschaft. Seit 2014 ist es auch 42-mal vorgekommen, dass die Grenzwerte auf Industriewunsch angepasst wurden, schreibt Lars Neumeister. Meist nach oben, das heißt, es wurden höhere Giftmengen zugelassen. Häufigster Grund: Die Grenzwerte zuvor wurden in der Praxis von Landwirten zu oft überschritten. Wieder nichts mit der Gesundheit.

BIO ESSEN UND TROTZDEM GELD SPAREN

Bio ist was für Besserverdiener? Nö, die Autorin Rosa Wolff etwa hat es geschafft, sich einen Monat lang ausschließlich mit Bio-Lebensmitteln zum damals (2011) vorgesehenen Hartz-IV-Satz für Essen zu ernähren. Ihren Selbstversuch hat sie in ihrem Buch »Arm aber Bio« dokumentiert. Mit 4,52 Euro am Tag gab sie zwar 17 Cent mehr aus als die angestrebten 4,35 Euro. Doch sie zeigt etwas ganz Wichtiges: Es ist möglich! Niemand hier in Deutschland braucht mangelnde Finanzen als Ausschlusskriterium für eine gesunde, nachhaltige Ernährung zu empfinden.

Klar, wer viel Fleisch isst, kommt beim Einkauf im Bio-Laden schnell ins Schwitzen. Dort kostet es nämlich tatsächlich drei- bis viermal mehr. Was wir in unseren Schädel hineinbekommen müssen: Das ist der angemessene Preis. Wenn wir im Discounter ein Schnitzel für zwei Euro mitnehmen, brauchen wir uns nicht mehr als Tierfreunde zu bezeichnen. Zu krass und quälend sind die Bedingungen der Massentierhaltung, die solche Schleuderpreise überhaupt erst möglich machen. Aufgeschwemmt und vollgepumpt mit Antibiotika und multiresistenten Keimen liegt dann das Ergebnis auf dem Teller – kein appetitlicher Gedanke. Tierfreundliche Haltung hat ihren Preis. Die wertschätzen wir, indem wir dafür bezahlen. Dann eben nur ein- bis zweimal die Woche. Ist laut verschiedener Ernährungsorganisationen auch gesünder so. Das Argument, nachhaltig zu leben sei teurer Luxus, zieht jedenfalls nicht.

EXKURS: FLEISCH ESSEN UND NACHHALTIG LEBEN – GEHT DAS ÜBERHAUPT?

Jenseits von Ideologie und Emotion bleibt vor allem eins: unsere Verantwortung für das, was wir tun. Wenn du dich dafür entscheidest – wie ich –, ab und zu Fleisch zu essen, dann solltest du gute Gründe dafür haben. Vielleicht weil du merkst, dass du leicht in einen Eisen- und B-Vitaminmangel rutschst, wenn du dich rein pflanzenbasiert ernährst, oder weil du leider keine Zeit hast, immer toll zu kochen. Unser Körper spricht zu uns und lässt uns wissen, wann wir etwas brauchen. Und darauf sollten wir meiner Meinung nach hören.

Was wir aber nicht tun sollten: Fleisch aus purer Gewohnheit essen. Denn wenn man vom Durchschnitt ausgeht, verzehren wir in Deutschland pro Mann knapp 60 Kilo Fleisch pro Jahr. So viel braucht kein Mensch. Wer sich näher damit beschäftigen will, dem seien ernährungswissenschaftliche Bücher ans Herz gelegt. Hier in diesem Buch geht es um die Ökologie. Jedes Jahr lassen also 58 Millionen Schweine, 630 Millionen Hühner und 3,2 Millionen Rinder ihr Leben für den Fleischkonsum in Deutschland. Deutschland gilt sogar als »Europameister« im Schweineschlachten. Kein sonderlich ruhmreicher Titel. Denn um den wachsenden Fleischhunger zu stillen, werden die Ställe und Schlachtanlagen immer größer und industrialisierter. Und die Massentierhaltung stinkt zum Himmel. Wer je einen Stall mit dicht gedrängten Mastschweinen betreten hat, weiß, dass der beißende Ammoniakgestank einem fast die Luft zum Atmen raubt. Empfindliche Personen können ebenso mit akutem Schwindel und Übelkeit reagieren. Dass wir uns dafür schämen sollten, unseren Mitlebewesen so etwas anzutun, ist die eine Sache. Aber auch aus rein egoistischer Perspektive ist die Massentierhaltung der reinste Wahnsinn. Dreieinhalb Tonnen des giftigen Ammoniaks entweichen aus einem Maststall mit 1000 Schweinen pro Jahr. Dafür versauern hier die Ökosysteme. Laut EU-Richtlinie dürfte Deutschland »nur« 550.000 Tonnen Ammoniak verursachen. Dieses Ziel wird um 120.000 Tonnen überschritten. 95 Prozent des Ammoniaks in Deutschland stammt aus der Landwirtschaft.

Die überzüchteten Hochleistungstiere sind extrem krankheitsanfällig. Weil sie auch noch auf so engem Raum gehalten werden, ist ein hoher Medikamenteneinsatz bei der Massentierhaltung unvermeidbarer Teil des Systems. Auch fürs Klima ist Fleisch eine Last. Green-

peace warnt: Die Viehhaltung ist weltweit für 20 Prozent aller CO_2-Emissionen verantwortlich und gehört damit zu den wichtigsten Verursachern der globalen Erwärmung. Kühe pupsen außerdem das Gas Methan aus, das noch klimaschädlicher ist als CO_2.

Wenn du Fleisch isst, dann bitte aus Bio-Betrieben. Denn anders als für Menschen ist hierzulande Gen-Food in der konventionellen Tierhaltung nicht verboten. Gen-Soja, hauptsächlich importiert aus Brasilien und Argentinien, landet hier in den Trögen. Für den Anbau wurden allein 2015 in Brasilien 5843 Quadratkilometer Regenwald gerodet, das ist mehr als die doppelte Fläche des Saarlandes. Gleichzeitig stieg der Verbrauch von Pestiziden um 160 Prozent. Alles verheerend für die CO_2-Bilanz.

BEI FLEISCH GLAUBE ICH DESHALB FEST AN DEN GRUNDSATZ: WENIGER IST MEHR. OB DU GANZ DARAUF VERZICHTEN MÖCHTEST, ENTSCHEIDEST DU GANZ ALLEIN.

GESUNDE ERNÄHRUNG SPART PLASTIK

Weiter sparen kannst du, indem du frisch kochst, statt Fertiggerichte aufzuwärmen. Je stärker Lebensmittel verarbeitet sind, desto teurer sind sie normalerweise. Und in der Regel umso ungesünder. Kostet die Tiefkühlpizza nur 2,50 Euro, sagt dir das etwas über die Qualität ihrer Zutaten. Die Frage ist dann auch: Wie viel bist du dir wert?

Deutlich preiswerter wird die Woche, wenn du dein Mittagessen vorbereitest, statt es in der Pause irgendwo zu holen. Oftmals hetzen wir hin und her, nur um uns einen ungesunden Snack zu besorgen. Das macht keinen Sinn, vor allem nicht, wenn du wie ich Wert auf einen gesunden, sportlichen und entspannten Körper legst.

Schon beim Abendessen können wir ohne großen Aufwand für den nächsten Tag vorsorgen. Wir können zum Beispiel einfach die doppelte Portion kochen und die zweite Hälfte davon mit zur Arbeit nehmen. Perfekt ist zum Beispiel Reis mit Linsen. Das macht lange satt und liefert alle Proteine, die wir brauchen, ohne zu belasten. So sparen wir uns auch gleich noch das berühmte Mittagskoma. Ein paar frische Salatblätter oder Rohkostschnitze peppen das Ganze auf.

Etwas, worüber wir selten nachdenken: Unsere Ernährung hat einen Effekt auf unseren Plastikverbrauch. Wenn du ständig schnell verwertete Kohlenhydrate isst, beispielsweise Gebäck aus Weißmehl, dann schnellt dein Blutzucker danach in die Höhe, macht aber rund zwei Stunden später eine Talfahrt. Dann hast du Heiß-

PREISWERT UND GUT: LEITUNGSWASSER

VIELE VON UNS GEBEN UNNÖTIG VIEL GELD FÜR WASSER AUS. SELBST DAS BILLIGSTE MINERALWASSER IM LADEN KOSTET UM DIE 15 CENT PRO LITER, HÄUFIGER LIEGEN DIE PREISE BEI 70 CENT ODER DARÜBER. EIN LITER LEITUNGSWASSER KOSTET DAGEGEN WENIGER ALS 0,2 CENT. DU SPARST ALSO MÜLL, ENERGIE FÜR DEN TRANSPORT, DEINE EIGENE ENERGIE FÜRS KISTENSCHLEPPEN UND EINEN HAUFEN GELD, WENN DU EINFACH DEINEN HAHN AUFDREHST.

CHALLENGE: EINKAUFEN MIT LISTE

LEVEL 1 **Mache dir vor dem Einkaufen eine Liste, und kaufe nur, was dort draufsteht. Und zwar in genau den Mengen, die du benötigst.**

LEVEL 2 **Plane deinen Wocheneinkauf anhand von Rezepten, und stimme die so aufeinander ab, dass du Reste immer weiterverwerten kannst.**

hunger auf Süßes und greifst vermutlich zum nächstbesten aluminiumverpackten Zucker-Palmöl-Riegel. Schlecht für deinen Körper, schlecht für die Umwelt. Besser sind komplexe Kohlenhydrate, zum Beispiel aus Kartoffeln, die sich übrigens wunderbar vorkochen lassen. Gemüse liefert dann noch lange sättigende Ballaststoffe dazu.

KLARE KRITERIEN FÜR DEINEN EINKAUF

In Bio-Läden gibt es Marken mit Siegeln von richtig anspruchsvollen Anbauverbänden wie beispielsweise Demeter oder Bioland. Ihre Kriterien sind deutlich strenger als die des europäischen Bio-Siegels. Doch bei allen Unterschieden ist klar: Auch das EU-Bio-Siegel ist deutlich umwelt- und tierfreundlicher als konventionelle Ware. Selbst wenn du es nur zum Discounter schaffst, gönne dir also die Bio-Produkte dort.

Ein Problem bei vielen Supermärkten sind die Mehrfachpackungen – wer braucht schon vier bis fünf Zucchini auf einmal? Die Hälfte der Zitronen im Netz ist vermutlich verschimmelt, bevor wir sie verwerten können. Das wird ein Grund dafür sein, warum wir hier in Deutschland 80 Kilo Lebensmittel pro Jahr und Mann wegwerfen. Einkaufen in großen Mengen spart Geld – ja, wenn man eine Großfamilie oder einen Gastronomiebetrieb hat. Loses Obst und Gemüse gibt es dagegen im Bio-Laden oder auf dem Wochenmarkt.

WILLST DU WIRKLICH NOCH FISCH?

Bald wird es mehr Plastik als Fische in den Meeren geben, wenn wir so weitermachen. Die Fische, die dort noch schwimmen, sind randvoll mit Plastik – winzig kleinen Plastikpartikeln, die sich entlang der Nahrungskette anreichern. Das heißt, wenn du einen Raubfisch isst, beispielsweise einen Lachs oder Zander, darfst du mit einer extragroßen Portion Mikroplastik rechnen. Hinzu kommen weitere Chemikalien und Schwermetalle, die sich ebenfalls im Fleisch und Fett der Fische anreichern. Lust auf Fisch? Habe ich nicht mehr. Des Weiteren sind laut der Welternährungsorganisation FAO 29 Prozent der kommerziell genutzten Fischbestände erschöpft, weitere 61,3 Prozent bis an ihre biologischen Grenzen befischt. Das macht zusammen rund 90 Prozent.

Wenn du Fisch essen möchtest, dann achte deshalb bitte auf nachhaltige Fangmethoden. Bei Wildfang gibt es dafür das MSC-Siegel, oder auch FOS (Friend of the Sea). Achte auf die Art, die du isst. Aal, Schillerlocke, Schwert- und Thunfisch sind in ihren Beständen gerade derart dezimiert, dass es laut Greenpeace einfach nicht vertretbar ist, wenn sie auf irgendeinem Teller landen.

Bitte falle nicht darauf rein, wenn ein Fisch aus Aquakultur und allein deshalb besonders nachhaltig sein soll. Erstens: Um Fische aus Aquakulturen zu füttern, werden Fische aus dem Meer gefangen. Bei diesen Fischfangunternehmen schaut dann aber keiner, ob sie ein nachhaltiges Siegel ha-

ben. Die Katze beißt sich in den Schwanz. Achte deshalb unbedingt beim Fisch aus Aquakultur auf ein Bio-Siegel beziehungsweise das Siegel ASC (Aquaculture Stewardship Council).

Aber es geht noch weiter: Besonders in Asien mussten in den vergangenen Jahren für wachsende Fischfarmen ökologisch wertvolle Mangrovenwälder weichen. Schade fürs Klima, besonders schade für die Küste. Denn Mangrovenwälder schützen sie vor den manchmal extrem hohen Wellen. Nun werden diese Abschnitte leichter überschwemmt, das gefährdet auch die Menschen, die dort leben. Die Welternährungsorganisation FAO schätzt, dass – hauptsächlich aufgrund von Aquakulturen – seit 1980 3,6 Millionen Hektar Mangrovenwälder weltweit verloren gegangen sind.

Die Aquakulturen verschmutzen die umliegenden Meeresgewässer massiv. Fische oder Shrimps leben hier dicht gedrängt, wie sie es nie in freier Wildbahn tun würden. Ihre Fäkalien sowie Antibiotika und Pestizide verschmutzen das umliegende Grundwasser. In manchen Aquazuchten wird auch noch energieintensiv die Temperatur reguliert. Dann importieren wir den Pangasius aus Asien und fühlen uns nachhaltig, weil neben seinem Filet ein Bio-Salat liegt? Bitte nachdenken!

DIE VERARMUNG DER ARTENVIELFALT

In den vergangenen 100 Jahren sind 75 Prozent der auf der Erde lebenden Arten verschwunden. Einen großen Anteil daran hat die industrielle Landwirtschaft. Nur noch rund zehn Pflanzenarten und fünf Nutztierrassen bilden heute die Basis für die Ernährung der Menschen weltweit. Hättest du gedacht, dass in Asien früher 30.000 verschiedene Reissorten angebaut wurden? Heute sind es nur noch zehn, die drei Viertel der Anbauflächen beherrschen. Pro Woche stirbt zudem eine Nutztierrasse aus, gibt die Gesellschaft zur Erhaltung alter und gefährdeter Haustierrassen (GEH) bekannt.

Mit Verlust der genetischen Vielfalt schwindet allerdings auch die Anpassungsfähigkeit, die vor allem im Zuge des Klimawandels dringend gebraucht wird. Ein ökologischer kleinteiliger Anbau könnte das wieder ins Lot bringen. An alle, die einen Garten oder Balkon haben: Lasst uns wieder anfangen zu pflanzen! Inspirationen dazu gibt es ab Seite 167.

GLYPHOSAT IN BROT UND BIER

Die meisten Biere in Deutschland, allesamt nach Reinheitsgebot gebraut, enthalten das umstrittene Pflanzenschutzmittel Glyphosat – laut Umweltinstitut München bis zu 29,74 Mikrogramm pro Liter.

Klingt wenig? Der Grenzwert für Trinkwasser liegt bei 0,1 Mikrogramm pro Liter. Dieser wird bei Bier also 300-fach überschritten. Na, noch Lust auf einen feuchtfröhlichen Abend im Freundeskreis? Lies weiter: Glyphosat steht unter dringendem Verdacht, krebserregend zu sein und zudem das Hormonsystem und die Fruchtbarkeit zu schädigen. Dennoch wurde es 2017 für mindestens fünf weitere Jahre von der EU zugelassen.

Auch in Brot, vor allem in Billigbrötchen, hat Öko-Test in den letzten Jahren immer wieder Glyphosat gefunden. Der Anti-Weizen-Hype der letzten Jahre, also dass Menschen sich wohlerfühlen, wenn sie auf Weizen verzichten – vielleicht liegt er weniger am Gluten als am Glyphosat. Das bringt nämlich die Darmflora mächtig durcheinander, stört die guten Bakterien sogar bei der Herstellung unseres Glücksbotenstoffs Serotonin. Wenn du kein Brot verträgst, probiere mal die Bio-Variante. Vielleicht ist damit das Problem schon gelöst.

PALMÖL

Für diese Lieblingszutat der Industrie brennt der Regenwald. Versuche, Produkte mit Palmöl links liegen zu lassen, wann immer du kannst. Das ist nicht so einfach, denn es steckt in fast jedem zweiten Supermarktprodukt: Margarine, Schokoaufstriche, Kekse, Fertiggerichte, aber ebenso in Kosmetik wie im Lippenstift. Früher war es oft als »pflanzliches Fett« in der Zutatenliste getarnt. Seit Ende 2014 muss es aber namentlich gelistet werden.

Vor allem auf den indonesischen Inseln Borneo und Sumatra, aber auch in weiteren asiatischen und lateinamerikanischen Ländern fressen sich Jahr für Jahr Brände durch Hunderte Hektar Urwald. Monatelang breiten sich die dichten Rauchwolken aus, sodass die Bevölkerung sich fast nur noch mit Atemschutzmasken aus dem Haus traut. Im Sommer 2015 war es eine Fläche von 17.000 Quadratkilometern, die den Flammen zum Opfer fiel. So groß wie das Bundesland Sachsen.

Der kostbare Urwald geht für immer verloren – für Palmölplantagen, die stattdessen auf diesem Boden errichtet werden. Monokulturen, so weit das Auge reicht. Keine Heimat für die vertriebenen Tiere. Orang-Utans, die sich auf der Suche nach

CHALLENGE: PALMÖL VERMEIDEN

LEVEL 1 Kaufe nach Möglichkeit alle deine Nahrungsmittel ohne Palmöl. Passe vor allem bei Schokoriegeln, Schokoaufstrichen, Frühstücksflocken und Knuspermüsli, Margarine, Tütensuppen und Fertiggerichten auf (wenn du letztere überhaupt noch kaufst). Gute Alternativen gibt es im Bio-Laden.

LEVEL 2 Achte neben den Lebensmitteln auch bei Kosmetika und Reinigungsmitteln auf palmölfreie Produkte: Seife, Duschgel, Shampoo, Hautcreme, Eyeliner und Wimperntusche, Waschmittel, etc. Auch hier wirst du im Bio-Laden fündig.

ehemals reichlich vorhandener Nahrung an die Plantagen herantrauen, werden oft erschossen. Menschen, die vom Urwald gelebt haben, müssen nun für einen Hungerlohn auf den Plantagen schuften. Ihnen blutet das Herz. Für viele Volksgruppen in Indonesien ist der Urwald heilig.

Das Abfackeln indonesischer Urwälder ist auch eine Klimakatastrophe ohnegleichen. Denn unter ihnen liegt Torfmoorboden – eine der wichtigsten Kohlendioxid-Senken der Welt. Moorgebiete bedecken zwar nur drei Prozent der Erdoberfläche, binden aber in ihren Torfschichten ein Drittel allen Kohlenstoffs – das ist doppelt so viel wie alle Wälder dieser Erde. Pro Hektar speichert Torfmoor-Urwald bis zu 6000 Tonnen Kohlenstoff – 50-mal so viel wie ein Regenwald ohne Torfmoorboden. Wird so ein Regenwald abgefackelt, werden diese gigantischen Kohlenstoffmengen als CO_2 freigesetzt. Allein im Jahr 2006 verursachten die Torffeuer in Indonesien 900 Millionen Tonnen CO_2. Das ist mehr als die Summe aller CO_2-Emissionen von Deutschland im selben Jahr.

PALMÖLPLANTAGEN DEHNEN SICH MITTLERWEILE WELTWEIT AUF MEHR ALS 27 MILLIONEN HEKTAR AUS. DAS ENTSPRICHT IN ETWA DER FLÄCHE NEUSEELANDS.

HAUSHALT OHNE PLASTIK UND CHEMIE

»DIE UMWELT, SIE IST IN UNS, NICHT AUSSERHALB VON UNS. DIE BÄUME SIND UNSERE LUNGEN, DIE FLÜSSE UNSER BLUTKREISLAUF. WIR SIND ALLE MITEINANDER VERBUNDEN, UND WAS DU DER UMWELT ANTUST, TUST DU LETZTLICH DIR SELBST AN.«

Ian Somerhalder, US-Schauspieler (»Vampire Diaries«)

Die EU-Kommission will bis 2030 dafür sorgen, dass alle Kunststoffe hier entweder wiederverwendbar oder wiederverwertbar sind. »Wir atmen Plastik, wir essen und trinken Plastik«, sagte der Vizepräsident der EU-Kommission, Frans Timmermans. Die meisten Probleme machen laut Behörde die Einwegkunststoffe. Sie listet dabei eine ganze Partyausstattung auf: Zigarettenstummel, Süßigkeitenverpackungen, Luftballons, Einwegbecher und -besteck. Diese Abfälle landen demnach besonders oft im Meer. Vermeiden, drängt deshalb die Kommission. Man ist ja eigentlich eher gewohnt, auf sie zu schimpfen, aber das klingt doch ganz vernünftig, oder?

Okay, eigentlich hat das ambitionierte Projekt wohl seinen Ursprung in der Weigerung Chinas, künftig weiter Müll aus dem Ausland zu recyceln. Da schippern wir nämlich momentan einiges von unserem Abfall hin. Vor dem inneren Auge der Kommissare sind vielleicht Katastrophenbilder von Müllbergen aufgetaucht, auf denen wir plötzlich selbst sitzen bleiben. Wahrscheinlich würde einer von ihnen bald den Mont Blanc als höchsten Berg Europas entthronen. Immerhin haben sich die nüchternen Damen und Herren nun ein Herz gefasst und wollen etwas in Bewegung setzen. Ich drücke die Daumen, dass es klappt.

Bis es aber so weit ist, müssen wir selbst aktiv werden. Aber wie? Ich habe mich einmal durch unsere Küchenschränke und Schubladen gewühlt und zunächst mehr fiese Plastikprodukte gefunden, als mir lieb war: Strohhalme, Frischhaltefolie, Tupperware. Doch zum Glück habe ich dann bei meiner Recherche ganz tolle Alternativen entdeckt. Hier also mein Must-Have für jeden Haushalt mit grüner Seele:

BIENENWACHSTÜCHER

Frischhalte- und Alufolie gibt es in so gut wie jedem Haushalt. Damit bewahren wir Lebensmittel und Essensreste auf, die wir eben nicht wegwerfen und somit verschwenden wollen. Leider wandern sie in der Regel nach einmaligem Gebrauch in den Müll. Dabei kannst du statt Frischhaltefolie Bienenwachstücher mit Bio-Baumwolle oder Hanffasern benutzen (z. B. von »little bee fresh«, »Bee's Wrap« oder »Abeego«).

Die eignen sich für Sandwiches oder Wraps und sind sehr oft wiederverwendbar. Du hältst sie kurz in der Hand, um sie weich und formbar zu machen. Dann kannst du damit die Schnittflächen von Gemüse, Käse oder Brot abdecken – oder auch einfach eine Schüssel. Weil das Bienenwachs von Natur aus antibakteriell ist, hält es die Lebensmittel besonders gut frisch. Nach Gebrauch werden sie einfach mit kaltem Wasser abgewaschen. Einfach trocknen lassen, und schon sind sie bereit für den nächsten Einsatz. Bei guter Pflege halten sie so bis zu einem Jahr.

Tipp: Wenn dir der Verzicht auf Alufolie momentan noch zu schwerfällt, kaufe recycelte Aluminiumfolie. Die gibt es zum Beispiel im Bio-Laden.

85 PROZENT WENIGER CO_2 DURCH ALUMINIUMRECYCLING

DIESES MATERIAL IST DER SPITZENREITER DER CO_2-SPARER, WENN ES RECYCELT WIRD: MEHR ALS 85 PROZENT WERDEN GEGENÜBER DER NEUHERSTELLUNG EINGESPART.

TRINKHALME AUS GLAS, HOLZ ODER EDELSTAHL

Plastikstrohhalme sind wieder so eine Plastikverschwendung, über die wir kaum nachdenken. Sie wirken vermutlich einfach zu dünn, um bedrohlich daherzukommen. Jeden Tag werden aber weltweit drei Milliarden Plastikhalme weggeworfen. Das ist ein ziemlich großer Haufen. Wir benutzen sie vielleicht zehn Minuten lang, und danach brauchen sie 500 Jahre, um zu verrotten. Dabei muss das nicht sein. Es gibt ganz tolle Halme aus Glas (z. B. von »HALM«), Edelstahl oder Holz. Die sind allesamt bruchfest, verändern den Geschmack der Getränke nicht und sehen auch viel besser aus als Plastik. Sie sind so haltbar, dass du sie später an deine Enkel vererben kannst, wenn du möchtest.

Nach der Benutzung kannst du diese Trinkhalme einfach in die Spülmaschine packen oder mit einer Spezialbürste reinigen, die es oft gleich dazu gibt.

EIN LIEBLINGS-KAFFEEBECHER ZUM MITNEHMEN

Pro Stunde schlürfen wir hier in Deutschland aus rund 320.000 Einwegbechern – und werfen sie gleich danach achtlos weg. Das macht fast drei Milliarden überflüssige Becher im Jahr. Aufeinandergestapelt würden sie bis zum Mond reichen – oder man könnte damit siebenmal die Erde umrunden.

Dabei können wir diesen Müll locker sparen, indem wir uns einen schicken, verschließbaren und wiederbefüllbaren Becher gönnen – sieht sowieso viel besser aus, und weil diese Modelle aus festerem Material sind, verbrennt man sich auch nicht die Hände daran. Neben dem Style sprechen noch einige gewichtige Fakten gegen die Wegwerfbecher. Denn die bestehen überwiegend aus neuen Papierfasern. Es werden so gut wie keine recycelten Materialien verwendet. Das heißt, dass jedes Mal neue Bäume gefällt werden, für

Becher, aus denen du vielleicht 15 Minuten trinkst und sie dann wegwirfst. Das steht doch in keinem Verhältnis! Würden alle Menschen in Deutschland nur noch aus wiederbefüllbaren Bechern trinken, müssten pro Jahr 43.000 Bäume weniger gefällt werden.

Kunststoff ist dem Bechermaterial ebenfalls beigemischt. Hierfür – und natürlich für den Deckel und das Rührstäbchen aus Polyethylen und Polystyrol werden pro Jahr rund 22.000 Tonnen Rohöl verbraucht, informiert die Deutsche Umwelthilfe. In CO_2 ausgedrückt: Durch die Herstellung der Coffee-to-go-Becher entstehen pro Jahr 83.000 Tonnen CO_2. Hinzu kommen 28.000 Tonnen CO_2 für die Produktion der Deckel, macht zusammen 111.000 Tonnen. Autsch!

ZERO WASTE

MEHR ALS EIN KILO HAUSHALTSMÜLL WIRFT JEDER MENSCH IN DEUTSCHLAND PRO TAG WEG, RUND 450 KILO PRO JAHR. AUCH WENN DU DEINEN MÜLL TRENNST: RECYCELT WERDEN KANN ER NUR UNTER HOHEM ENERGIEAUFWAND. IN DEN LETZTEN JAHREN HAT EINE BEWEGUNG IMMER MEHR VON SICH REDEN GEMACHT: »ZERO WASTE«. IN BÜCHERN UND SOZIALEN MEDIEN RUFEN DIE MENSCHEN ZUM MÜLLBOYKOTT AUF. VIELE IHRER VORSCHLÄGE KLINGEN ERST EINMAL RADIKAL, SIND ABER BEI NÄHEREM BETRACHTEN DURCHAUS SINNVOLL. IN EINER IDEALEN WELT WÄRE JEDER HAUSHALT ABSOLUT PLASTIKFREI, ALLES, WAS DU BESITZT, KÖNNTE RECYCELT ODER KOMPOSTIERT WERDEN. BIS DAHIN IST ES FÜR DIE MEISTEN VON UNS EIN ZIEMLICH LANGER WEG. KEINE SORGE, DU KANNST DICH DEM ZERO-WASTE-IDEAL AUCH IN KLEINEN SCHRITTEN NÄHERN. WÄHLE EINFACH AUS, WELCHE VORSCHLÄGE AUF DIESEN SEITEN GUT ZU DEINEM LEBEN PASSEN.

BROTBOXEN

Kaufst du sie regulär in der Drogerie, sind sie meist aus Plastik. Es gibt sie auch aus Edelstahl beziehungsweise Weißblech. So sparst du wieder Plastikmüll und zudem Schadstoffe wie Weichmacher (Bisphenol A/BPA, Phthalate oder PVC), die aus manchen Kunststoffboxen immer noch entweichen. Sie können auf die Lebensmittel übergehen – geschieht dies über einen längeren Zeitraum, kann das gesundheitliche Folgen haben. Die Weichmacher können unser Hormonsystem durcheinanderbringen, das kann auch schon mal das »Projekt Familie« bei Menschen mit Kinderwunsch erschweren. Manche Weichmacher haben eine stark lebertoxische Wirkung, belasten also in enormem Maße unsere zentrale Entgiftungsstation. Da können wir noch so viele Detox-Smoothies trinken – wenn wir danach aus so einer Brotdose den Salat essen, vergiften wir uns unter Umständen selbst gleich wieder. Viele Gründe also für Edelstahl. Das ist übrigens rostfrei und lässt sich außerdem einfach und komplikationslos recyceln, hat aber ohnehin eine enorm hohe Lebensdauer.

Als ich noch in Hamburg gelebt habe, bin ich in den letzten Monaten immer mit eigenem To-go-Becher und Brotbox zum Bagel-Laden marschiert. Erst kam ich mir dabei komisch vor, aber irgendwie fanden es alle anderen ganz normal oder gut. Ich bin dann mit dem Gefühl einer echten Umweltkriegerin wieder hinausmarschiert. Einfacher kann man ein kleines High im Alltag gar nicht bekommen!

BESTECK AUS METALL

Plastikbesteck soll in Frankreich ab 2020 verboten werden. Denn für ein Mahl benutzt, landen sie gleich wieder im Abfalleimer und finden sich später zum Beispiel in den Müllteppichen auf den Ozeanen wieder. Wieder werden unnötig Rohöl verbraucht und CO_2 ausgestoßen. Nicht nur für die Produktion der Löffel, sondern auch für ihre Verpackung und den Transport mit einem Lkw, der diese Löffel zu einem Schiff bringt, das sie dann gut und gern 6000 Kilometer übers Meer schippert und dabei neben CO_2 jede Menge Ruß und Schwefel in die Luft pustet.

Am anderen Ende der Welt, also hier, angekommen, werden die Lkws wieder voll beladen und die Geschäfte mit den Plastiklöffeln beliefern. Dort fahren wir dann hin, um sie zu kaufen, und zurück, um sie einmal zu verwenden. Was für ein Aufwand,

wenn man doch eigentlich nur einmal einen Metalllöffel abspülen bräuchte!

JUTEBEUTEL

Plastik ist sowieso out. Besser als Papiertüten schneidet zudem der klassische Beutel aus Baumwolle bei der Ökobilanz ab – vorausgesetzt, du benutzt ihn regelmäßig. Etwa 30-mal müssen wir ihn mindestens benutzen, bis sich die Energie für seine Produktion rentiert. Aber das ist ja auch leicht gemacht, denn einmal besorgt, kannst du ihn eigentlich immer dabeihaben. Bei mir steckt ein zusammengefalteter Jutebeutel mittlerweile in jeder Tasche, sei es Handtasche oder Sporttasche ... So kann ich ihn nie vergessen und bin für Spontankäufe gewappnet. Einmal pro Woche sollte der Beutel bei 60 °C gewaschen werden, damit er nicht verkeimt. Dann kannst du ihn sogar viele Jahre benutzen. Wenn er irgendwann ausgedient hat, verrottet ein Beutel aus 100 Prozent Baumwolle und belastet die Umwelt somit nicht nachträglich noch.

Mein Tipp: Gönn dir doch gleich einen schicken Beutel mit einer Message für die Menschen, die dich damit sehen. So kannst du noch mehr Bewusstsein für die Umwelt schaffen – ganz nebenbei, einfach beim Shoppen.

DIE PAPIERTÜTE IST NICHT BESSER ALS PLASTIK

Seitdem man für Plastiktüten an der Kasse bezahlen muss, liegen überall Papiertüten aus – meist in Dunkelbraun für das echte Öko-Gefühl. Auch wenn das jetzt wehtut: Diese Einwegtüten schneiden laut gängiger Expertenmeinung in der Ökobilanz nicht besser ab als Plastiktüten, vor allem nicht, wenn wir sie nach einmaliger Benutzung wegwerfen. »Für die Papiertüte werden sehr lange, reißfeste Zellstofffasern benötigt. Zu deren Herstellung ist sehr viel Wasser und Energie nötig, und es müssen viele Chemikalien zugesetzt werden«, erklärt Umweltwissenschaftler Thomas Fischer von der Deutschen Umwelthilfe. Damit eine Papiertüte genauso reißfest ist wie eine Plastiktüte, wird doppelt so viel Material benötigt. Plastiktüten durch Einwegpapiertüten zu ersetzen macht also leider keinen Sinn – es sei denn, du benutzt diese Einwegpapiertüte mehr als dreimal, dann rechnet sich die Ökobilanz wieder.

Letztlich ist es aber so: Nur Mehrwegsysteme schonen die Ressourcen unserer Erde. »Plastik ist out« steht auf meinen Jutebeuteln, die ich in meinem Onlineshop vertreibe. Genau genommen müsste es heißen: »Einweg ist out« – das druckt sich nur nicht so schön.

NETZBEUTEL

Sei vorbereitet, und du brauchst nie wieder diese furchtbaren dünnen Plastiktüten für Obst und Gemüse nutzen. Die hängen ja seltsamerweise auch noch in vielen Bio-Läden, wobei einige – wie die Handelskette Basic – gerade im großen Stil umdenken. Besser als dauernd neue kleine Papiertüten für Äpfel, Tomaten etc. zu nehmen: kleine und mittelgroße Netze aus Baumwolle, Hanf-Baumwoll-Gemisch oder recyceltem Polyester, die wir immer wieder verwenden können. Mit letzterem verhilfst du einer alten weggeworfenen PET-Trinkflasche zu einem neuen Lebenssinn. Die Netzbeutel sind zusammengefaltet so klein und leicht, dass du sie immer in die Tasche stecken kannst. Mit einem Kordelzug kannst du die meisten Modelle leicht zuziehen und verknoten. Sie sind also auch in der Handhabung praktischer als Tüten.

63 PROZENT WENIGER CO_2 DURCH PET-RECYCLING

BIS ZU 1,2 TONNEN CO_2 WERDEN PRO TONNE MATERIAL GESPART, WENN PET RECYCELT STATT NEU ERZEUGT WIRD. DAS ENTSPRICHT EINER VERRINGERUNG DER CO_2-EMISSIONEN UM 63 PROZENT.

CHALLENGE: MEHRWEG STATT EINWEG

LEVEL 1 Kaufe dir zwei Jutebeutel (so kannst du auch größere Einkäufe erledigen), und nutze sie mindestens ein Jahr lang.

LEVEL 2 Besorge dir zusätzlich zu den Jutebeuteln vier Netzbeutel in verschiedenen Größen für deinen Obst- und Gemüseeinkauf, und benutze ausschließlich diese für ein Jahr.

TRINKFLASCHEN AUS GLAS ODER EDELSTAHL

Achte bei deiner Trinkflasche unbedingt darauf, dass sie BPA-frei ist – das steht heutzutage meist auf dem Etikett. Denn das Bisphenol A, so der ganze Name, stört dein körpereigenes Hormonsystem.

Außerdem sollte eine Trinkflasche natürlich gut zu reinigen sein. Am besten geht das in der Regel bei Glas- und Edelstahlflaschen. Beide Varianten sind schadstofffrei, spülmaschinenfest und geschmacksneutral. Die Glasflaschen zum Mitnehmen sind so gefertigt, dass sie normale Stöße im Alltag, also das Herumschleppen im Rucksack oder ein Umkippen im Fitnessstudio problemlos aushalten. Wenn du magst, kannst du zur zusätzlichen Sicherheit bei manchen Modellen noch einen Schutz aus Kork, Baumwolle oder Leinen dazuerwerben. Edelstahlflaschen sind sehr leicht, eignen sich aber nicht für Menschen mit Nickelallergie.

TIPPS FÜR EINEN PLASTIKFREIEN EINKAUF

Ganz ehrlich, immer auf jede Form von Kunststoff zu verzichten wird kaum jemandem gelingen. Sogar die hartgesottensten Umweltschützer stoßen an ihre Grenzen, weil es beispielsweise ihre vegane Hafermilch eben nur im Tetrapak zu kaufen gibt. Dennoch können wir unseren Plastikmüll drastisch reduzieren!

TO-GO-PRODUKTE LIEGEN LASSEN

Müsli to go, ein Obstsalat und ein Fertigsalat aus der Plastikschale – so hat man vielleicht den Eindruck, dass man ganz gesund in die Mittagspause startet, für die Umwelt ist es aber ein kleiner Müll-Tsunami, den wir damit veranstalten. Meist zahlen wir auch noch drauf, weil sich die Hersteller die Mini-Mengen in den Plastikschalen teuer vergüten lassen.
Wenn du deinen Salat morgens fix selbst zubereitest, ist er außerdem viel frischer und nicht so verkeimt wie die Tütenvariante, vor der Öko-Test sogar ausdrücklich aus gesundheitlichen Gründen warnt.

JOGHURTGLAS STATT -BECHER

Joghurt aus dem Glas schmeckt besser und vermeidet Müll. Entweder du bringst das Glas ausgespült wieder zurück und kassierst Pfand dafür – oder du benutzt es weiter als Behältnis für Essensreste vom Vortag oder für den Einkauf im Unverpackt-Laden.

MEHRWEG- STATT EINWEGFLASCHEN

Egal, was du sonst tust: Achte auf das blau-grüne Zeichen für Mehrweg auf der Flasche. Milch und Saft erhältst du in Glaspfandflaschen. Besonders nachhaltig wird's, wenn diese Getränke von Höfen aus deiner Region stammen. Mehrwegglasflaschen werden am häufigsten benutzt, bis zu 50-mal. Dafür sparen Mehrweg-Plastikpfandflaschen beim Transport durch ihr geringeres Gewicht Energie. Damit stehen sie sich in der Ökobilanz etwa gleichwertig gegenüber. Mehrwegplastikflaschen erkennst du spontan daran, dass sie aus dickerem, stabilerem Kunststoff gemacht sind.

VERMEIDE MEHRFACHVERPACKUNGEN

Sorry, Celebrations, Raffaelos und Co., dass ich euch hier als Beispiel herausgreife – aber an diesen Produkten ist es besonders leicht zu erkennen: Wenn jede Süßigkeit einzeln verpackt ist, ergibt das Futtern durch die Naschbox einen riesigen Müllberg. Das gilt aber auch für kleine runde Käsekugeln im Kühlregal und Mini-Cornflakes-Pakete.

KINDER-QUETSCHGETRÄNKE LIEGEN LASSEN

In alternativ angehauchten Drogerien und sogar in Bio-Läden stehen sie überall griffbereit in den Regalen, meist aus Buggy-Höhe gut zu erreichen und mit lustigen bunten Bildchen verziert. Mütter mit quengelnden Kindern greifen schnell zu dem Obstbrei und sind vermutlich dankbar, dass das Kind so ein paar Vitamine extra zu sich genommen hat. Wahlweise handelt es sich hierbei auch um süße Säfte und Zuckerdrinks aus dem Päckchen. Die Menge an Abfall, gemessen am Inhalt, ist aber geradezu absurd! Besser: Zum Stabmixer greifen, selbst einen leckeren Smoothie mixen und in die eigene Trinkflasche füllen.

KÄSE AM STÜCK KAUFEN

Die bereits aufgeschnittenen Scheiben werden schneller schlecht und verlieren an Aroma. Deshalb kaufen Gourmets sowieso immer nur Käse am Stück. In einigen Supermärkten und auf Wochenmärkten bekommst du den Käse an der Frischetheke mittlerweile direkt in dein mitgebrachtes Gefäß. Andere sind da aufgrund der Hygienevorschriften zögerlich. In einem luftdichten Gefäß bleibt er dann zu Hause im Kühlschrank am längsten frisch.

ECHTES BROT KAUFEN

Scheiben in der Tüte? Eingeschweißte Aufbackbrötchen? Wieso? Neben unnötigem Plastik drum herum enthalten sie oft noch

künstliche Konservierungsstoffe. Beim Bäcker – sofern er noch selbst backt – ist das Brot gesünder, und er packt es in Papier oder deinen mitgebrachten Stoffbeutel ein – da ist kein Plastik notwendig.
Übrigens: Bei Back-Discountern werden wir auch veräppelt. Sie erhalten tiefgefrorene Teiglinge aus der Fabrik, die sie nur noch auftauen und aufbacken. Lokale Handwerksbäcker dagegen betreiben eigene Backstuben. Bio-Bäcker arbeiten zudem noch öfter nach traditionellen Fertigungsmethoden. Sie lassen beispielsweise den Teig länger gehen, dadurch wird er bekömmlicher und braucht keine Zusatzstoffe. Die meisten legen Wert auf regionale Zutaten. Weil sie meist nur morgens backen, können abends schon mal die Regale relativ leer sein. Dafür wird am Ende des Tages aber auch nicht so viel weggeworfen.

LOSE WARE KAUFEN

In Deutschland landeten 2014 durch Verpackung von Obst und Gemüse 53.500 Tonnen Kunststoff im Müll! Kaufe diese Lebensmittel deshalb nur in Supermärkten, die sie lose anbieten – oder besser gleich auf dem Wochenmarkt oder bei einem Hofladen. Dort kannst du dir deine Lebensmittel problemlos in selbst mitgebrachte Behälter und Beutel füllen lassen. In immer mehr Bio-Läden kannst du nach dem Prinzip der boomenden Unverpackt-Läden (→ Seite 66) auch Lebensmittel wie Müsli, Getreide oder Gewürze selbst abfüllen.

AUCH DEN TEE LOSE KAUFEN

Wer gern Tee trinkt, weiß, wie schnell sich da die Teebeutel stapeln. Manchmal sind sie zusätzlich noch einzeln verpackt, manche in Papier, andere sogar in Plastik. Wieso nicht einfach mit dem eigenen Behälter frischen Tee ohne Verpackung einkaufen? Zu Hause im Tee-Ei zubereitet schmeckt er mindestens genauso gut.

SELBST KOCHEN

Glaube mir, du brauchst weder eine Tütensuppe noch eine Plastikflasche mit Pfannkuchenteig. Wer sich mit den Grundlagen des Kochens befasst, merkt schnell, dass es gar nicht so schwer ist. Du sparst Geld und Plastik, Alu und Pappe – und im Fall von Konservendosen auch noch gesundheitlich bedenkliche Stoffe in der Innenbeschichtung. Außerdem stecken in Fertiggerichten oft jede Menge ominöse Zusatzstoffe. Wer also gern in der Küche herumwirbelt, tut nicht nur seinem Körper, sondern auch der Umwelt einen Gefallen.

MACHT BIO-PLASTIK SINN?

Immer mehr Hersteller werben mit kompostierbaren Verpackungen oder sogenanntem Bio-Plastik. So stellt beispielsweise die Firma »Velibre« biologisch abbaubare Kaffeekapseln für Nespresso-Maschinen her. Die brauchen allerdings acht Monate bei Raumtemperatur, um sich zu zersetzen. Zum Vergleich: Normaler Bio-Müll aus Küchenabfällen wird innerhalb von drei Monaten zu Kompost. Es würde also wenig Sinn machen, die Kaffeekapseln auf den Haufen im Garten zu werfen. Aufgrund der Kritik hat »Velibre« jetzt allerdings neue Kapseln aus Zuckerrohrfasern entwickelt, die sich binnen weniger Wochen zersetzen sollen. Besser als Aluminiumkapseln sind sie allemal. Dennoch ernten sie weiter Kritik von der Deutschen Umwelthilfe (DUH). Deren Umweltwissenschaftler und Leiter der Abteilung Kreislaufwirtschaft, Thomas Fischer, sagt: »Grundsätzlich kann es nicht ökologisch sein, Kaffee grammweise zu verpacken. Die biologisch abbaubaren Kaffeekapseln verändern nichts an der Umweltschädlichkeit eines ressourcenfressenden, klimaschädigenden und unnötigen Verpackungssystems. Mit Umweltschutz hat das rein gar nichts zu tun.« Rückenwind für diese Meinung bekommt er zum Beispiel vom Umweltbundesamt (UBA). Beide Organisationen betonen, dass die Ökobilanz von Bio-Kunststoffen bislang nicht besser ist als die herkömmlicher Plastikverpackungen.

Der großflächige Anbau von Zuckerrohr, Mais und Kartoffeln, deren Stärke zu Bio-Plastik verarbeitet wird, benötigt Sprit, Dünger und Pestizide. Die Verarbeitung ist energieintensiv, und zum Schluss werden Bio-Kunststoffe selten recycelt, sondern vom Abfallentsorgungssystem aussortiert und verbrannt.

SHOPPEN IM UNVERPACKT-LADEN

Vor ein paar Monaten war ich das erste Mal in einem sogenannten Unverpackt-Laden. Die sprießen in den Städten nun förmlich aus dem Boden. Und das ist toll so! Denn dort bekommt man auch Nudeln, Reis, Hülsenfrüchte, Haferflocken, Kaffee, Naschkram und vieles mehr gleich in die eigene mitgebrachte Dose abgefüllt. Einwegverpackungen gibt es hier gar nicht. Eine Wohltat!

Der Laden bekommt die Lebensmittel in großen Papiersäcken, meist à 25 Kilo, geliefert. Ein paar Artikel kommen in Fünf- oder Zehnkilosäcken. Die Kunden können sich dann das, was sie brauchen, selbst abfüllen. Und zwar genau so viel, wie sie auch benötigen. Dazu bringt jeder sein eigenes Behältnis mit: Tupperdosen, Gläser, Beutel. Für Seife nimmt man einfach den alten Spender, für Reinigungsmittel eignen sich alte Spülflaschen. Wer nichts Eigenes dabei hat, kann die Pfandbehälter des Ladens nutzen.

Die Behältnisse werden vorher gewogen, damit ihr Gewicht später an der Kasse vom Gesamtgewicht abgezogen werden kann und nicht mitbezahlt werden muss. Dann gibt's ein Leergewichtetikett, das man auf das Behältnis draufklebt. Das kann man dann für alle Käufe in der Zukunft direkt dranlassen. Das Behältnis hält man dann unter einen der großen Spender, die in der Regel an die Wand montiert sind. Öl und Essig kommen aus großen Kanistern, Kaffee und Co. löffelt man aus dem Glas.

Unverpackt-Läden sehen schick aus, sind aber insgesamt nicht unbedingt teurer, obwohl die meisten von ihnen hauptsächlich oder ausschließlich Bio-Ware verkaufen. Manches gibt es hier sogar 20 Prozent billiger, Gewürze sogar um bis zu 50 Prozent günstiger. Das liegt daran, dass bei ihnen normalerweise die aufwendigen kleinen Verpackungen den Preis in die Höhe treiben. Eine Liste der Unverpackt-Läden im deutschen Sprachraum findest du im Internet.

SAMMLE BOHNEN- ODER JOGHURTGLÄSER ZUM ABFÜLLEN.

CHALLENGE: VERPACKUNGSARM EINKAUFEN

LEVEL 1 Umschiffe beim nächsten Einkauf unnötige Einzelverpackungen und plastikverpackte To-go-Produkte, und kaufe deinen Joghurt im Glas statt im Becher.

LEVEL 2 Gehe mit eigenen Behältnissen und Beuteln auf den Wochenmarkt oder zu einem Hofladen, und lasse dir so viel wie möglich dort hineinfüllen. Alternativ kannst du zu einem Unverpackt-Laden in deiner Nähe gehen.

ENERGIESPAREND KOCHEN UND BACKEN

Manchmal bringen ganz banale Tricks ganz schön viel. Hat dich deine Mutter auch immer ermahnt, beim Kochen den Deckel auf den Topf zu legen? Recht hatte sie – so können wir nämlich die Temperatur der Herdplatte niedriger einstellen und verbrauchen um bis zu zwei Drittel weniger Energie! Das rechnet sich auf 120 Kilo CO_2 pro Jahr. Und für dein Portemonnaie bleiben 40 Euro extra übrig. Bingo!

Richtig effizient wird's, wenn du dabei noch die richtige Topfgröße auf die passende Platte stellst, also bloß nicht einen kleinen Topf auf eine dicke Herdplatte, sonst geht die Hitze nur im Raum verloren. Für Könner: Der Topf sollte höchstens einen halben Zentimeter kleiner sein als die Platte, aber nicht mehr als einen Zentimeter größer.

Überlege auch, wie viel Wasser du wirklich zum Kochen brauchst, damit du nicht unnötige Wassermengen erhitzt. Das hat wieder einen gesundheitlichen Vorteil, denn mit dem überschüssigen Kochwasser schüttest du sonst auch die wasserlöslichen Vitamine weg, allen voran Vitamin C und die B-Vitamine, die wir vor allem für Muskeln, Nerven, gute Laune und einen festen Schlaf brauchen. In aller Regel ist es ausreichend, wenn dein Gemüse oder deine Kartoffeln gerade so mit Wasser bedeckt sind. Du kannst außerdem nur den Boden mit Wasser bedecken und dann immer wieder nach Bedarf nachfüllen. Verwende dazu Wasser, das du im Wasserkocher erhitzt hast, der arbeitet nämlich noch deutlich effizienter als die Herdplatte.

TRICK 17: JE KLEINER DU DEIN GEMÜSE HACKST, DESTO SCHNELLER WIRD ES GAR. ICH WÜRFLE ZUM BEISPIEL GERN KARTOFFELN IN ETWA EIN ZENTIMETER GROßE QUADRATE UND RASPLE EINE MÖHRE DARÜBER. SIEHT SUPER AUS, WEIL DIE KARTOFFELN INTENSIV GELB WERDEN – UND IST IN ZEHN MINUTEN FERTIG!

CHALLENGE: STROMSPAREND KOCHEN

LEVEL 1 Schnippel dein Gemüse klein, maximal sollten die mundgerechten Stückchen etwa einen Zentimeter Durchmesser haben. Überlege, wie viel Wasser du wirklich für deinen Topf brauchst. Erhitze diese Menge im Wasserkocher. Wähle den passenden Topf für die Platte und den richtigen Deckel dazu.

LEVEL 2 Bereite, aufbauend zu Level 1, mindestens zwei Gerichte gleichzeitig im Ofen in geschlossenen Auflaufformen bei Umluft zu. Nutze die Restwärme, und stelle die Heizfunktion mindestens zehn Minuten früher aus. Selbst wenn du nicht gleich alles isst, kannst du so beispielsweise für den nächsten Tag vorkochen.

Beim Backen sparst du Energie, wenn du bei unkomplizierten Gerichten das Vorheizen vergisst und deine Gerichte einfach im Auge behaltst. In den meisten Fällen kann man sehr gut erkennen, wann etwas fertig ist. Auf allzu viele Garproben solltest du allerdings verzichten, weil jedes Mal enorme Mengen Hitze entweichen, wenn du die Ofentür öffnest.

Nutze auf jeden Fall die Nachwärme. Das bedeutet bei einer Backzeit von 40 Minuten, dass du den Ofen schon eine Viertelstunde vor Schluss herunterstellen oder sogar ausmachen kannst (solange du die Tür nicht zwischendrin öffnest).

Umluft spart Zeit und Strom, du kannst die Temperatur meist um 20 bis 30 Grad niedriger einstellen. Allerdings ist Umluft nicht für jedes Rezept geeignet. Kuchen, Kekse und auch Fisch trocknen dabei an der Oberfläche zu sehr aus. Unproblematisch sind dagegen in der Regel Gerichte, die du im Römertopf oder in einer geschlossenen Auflaufform zubereitest. Wenn du Umluft benutzt, kannst du sehr gut mehrere Gerichte auf den verschiedenen Schienen gleichzeitig zubereiten, sofern ihre Gerüche harmonieren: ein Rost mit Kartoffelschnitzen, einer mit Ofen-Gemüse, einer mit krossen Pizza-Brötchen beispielsweise.

RICHTIG MÜLL TRENNEN

Okay, ihr Lieben, nicht gleich abschalten! Dass wir unseren Mist vernünftig sortieren, ist die Grundlage dafür, dass möglichst viel recycelt werden kann, die Ressourcen der Natur geschont werden, viel weniger CO_2 in die Atmosphäre gerät und die Umwelt samt Ozeanen nicht noch mehr vermüllt. Habe ich jetzt eure Aufmerksamkeit? Puh, Glück gehabt!

Also, das mit dem gelben Sack haben wir ja größtenteils begriffen. Dort hinein gehört ausschließlich Verpackungsmüll, den wir beim Einkauf nicht vermeiden konnten. Allerdings keine Gegenstände wie zum Beispiel kaputte Plastikeimer. Die dürfen nur in die sogenannte Wertstofftonne, die es aber nicht überall in Deutschland gibt. In den gelben Sack gehören Kunststoff, Alu –

zum Beispiel von Joghurtdeckeln (was war nochmal mit dem Joghurtglas?), Tetrapaks, Käsepapier, Kaffeekapseln (nicht kaufen!), Tablettenblister, Deckel von Gläsern und Styropor.

Papier bitte zum Container bringen, falls es bei euch nicht eingesammelt wird. Recyclingpapier spart gegenüber frischen sogenannten Primärfasern 60 Prozent Energie und bis zu 70 Prozent Wasser. Außerdem verhinderst du so, dass noch mehr Bäume sinnlos abgeholzt werden. Achtung: Du musst deine Papiertüte nicht zum Container bringen, bloß weil du sie schon einmal benutzt hast. Die Ökobilanz einer Papiertüte gegenüber einer Plastiktüte rechnet sich erst nach mindestens dreimaligem Benutzen. Versuche also unbedingt, sie mindestens so oft oder häufiger zu verwenden, bevor du sie entsorgst. Auf dem Weg zum Container am besten gleich das Altglas mitnehmen. Das zu recyceln spart ungefähr zehn Prozent Energie. Klingt bescheiden? Pro Tonne Glas, die recycelt wird, spart das ungefähr 538 Gigawattstunden. Damit könnte man etwa 100.000 Haushalte beheizen. Die Menge macht's!

Wenn du außerdem noch deine Bio-Abfälle vom Restmüll trennst, reduzierst du diesen etwa um ein Drittel. In den Bio-Müll gehören nebst den offensichtlichen Essensresten ebenso Kaffeefilter sowie die Einstreu deines Kleintieres, falls du eins hast. Nicht hinein gehören allerdings Hundekot und Tampons, das würde ein zu großes Hygienerisiko bedeuten. Wenn du spezielle Fragen dazu hast, rufst du am besten bei deinem Abfallentsorgungsunternehmen an.
Im Sommer kann Bio-Müll schnell anfangen zu stinken. Das vermeidest du am besten, indem du den Eimer unten mit Zeitungspapier auslegst und Speisereste in eine dünne Lage Zeitungspapier einwickelst. Regelmäßig entleeren und auswaschen wirkt außerdem Wunder. Die Bio-Tonne draußen kannst du am Deckel mit Essiglösung besprühen, das hält Insekten fern.

Die in den Drogerien erhältlichen »Bio-Müll-Beutel« sieht der NABU (Naturschutzbund Deutschland) leider kritisch. Oftmals würden sie eben doch zur Hälfte aus Erdöl und nicht aus nachwachsenden Rohstoffen gefertigt, geben die Umweltexperten bekannt. Auf dem Kompost im Garten können sich diese Tüten übrigens gar nicht zersetzen, weil die dafür benötigten Temperaturen dort gar nicht erreicht werden. Diesen Marketing-Gag können wir uns also gleich ganz sparen.

EXKURS: GUTMENSCH!

Ist dir das auch schon einmal so gegangen? Du hast anderen davon erzählt, wie du dich bemüht hast, etwas nachhaltiger zu leben, und dann kam ein spöttisches: »Gutmensch!« Sarkastisch bis verachtend, auf jeden Fall entwaffnend, weil du beinahe das Gefühl hast, dich schämen oder verteidigen zu müssen. Bitte wofür?

Wer jemanden gehässig beschimpft, versucht, ihm sein eigenes Wertesystem aufzudrücken. Das lautet im Fall dieses Fieslings: Nimm mit, was du kriegen kannst – nach uns die Sintflut. »Ja, Moin«, will ich da als ehemalige Hamburgerin sagen. Wacht mal auf! Leute, die andere als »Gutmensch« bezeichnen, glauben, dass diese lustfeindlich sind. Dass sie anderen den ganzen Spaß verderben wollen. So was kann auch nur jemand denken, der sich noch nie mit dem Thema Umwelt- und Klimaschutz auseinandergesetzt hat. Und zudem ziemlich kindlichen Denkweisen verhaftet ist.

1. Wirklich keinen Spaß haben wir, wenn das Klima und/oder die ökologischen Systeme kippen.
2. »Gutmensch« und andere Rhetorik dieser Art soll meist verdecken, dass der damit um sich Werfende keine guten sachlichen Argumente hat.
3. »Gutmensch« soll ausdrücken, dass jemand naiv und weltfremd handelt. Genau diese Attribute treffen aber auf die Leute zu, die denken, dass alles weiterlaufen kann wie bisher.

Letztlich spricht aber aus dem, der dich als »Gutmensch« bezeichnet, die Angst, du könntest dich als moralisch höherwertig betrachten als ihn. Das kommt daher, weil er tief im Inneren weiß, dass er Mist baut mit seinem rücksichtslosen Verhalten. Das heißt aber auch, dass wir an ihn herankommen können, wenn wir sanft und behutsam vorgehen. Im ersten Moment bedeutet das: keine unerbetenen Reden schwingen. Quittiere die Beschimpfung einfach mit einem wissenden, in sich ruhenden Lächeln und sage: »Ich weiß. Ist geil.«

GESCHIRR – MIT HAND ODER MASCHINE SPÜLEN?

Hättest du das gedacht? Geschirrspüler sind mittlerweile effizienter und damit umweltfreundlicher als das Spülen mit der Hand. Die neuen Geräte verbrauchen nämlich viel weniger Wasser und Energie.

Das Spülen per Hand ist allerdings sehr schonend für Gläser und Geschirr. Und es geht schnell, wenn nur wenig abzuwaschen ist. Weiche Eingebranntes und Angetrocknetes dabei immer mit einer kleinen Menge Spülmittel vorab ein. Das spart späteres Scheuern, wodurch du verhinderst, dass das Material deiner Töpfe und Pfannen schneller kaputtgeht und du dann vorzeitig neue kaufen musst.

Wichtig beim Spülen mit der Hand: bitte nicht unter fließendem Wasser! Das verbraucht viel zu viel Wasser, Energie und Spülmittel. Besser: Das Becken mit heißem Wasser halb voll laufen lassen. Dann zuerst Gläser, danach Besteck und nur leicht verschmutztes Geschirr darin spülen und so immer weiter steigern. Fettiges kommt zum Schluss. Lasse das gespülte Geschirr am besten lufttrocknen. Auch benutzte Geschirrtücher müssen ja wieder gewaschen werden, und je mehr wir vermeiden

können, desto besser. In diesem Fall gilt also frei nach Balu, dem Bären aus dem *Dschungelbuch:* »Probier's mal mit Gemütlichkeit ...«

Lasse deine Spültücher und Schwämme immer gut trocknen. Dann reicht es, wenn du sie einmal pro Woche austauschst und bei 60 Grad wäschst, um Keime zu entfernen. Beim Spülmittel solltest du vor allem auf die Dosierung achten. Die meisten von uns benutzen viel zu viel. Vor allem bitte keine Konzentrate anwenden wie normales Spüli! Von Konzentraten brauchst du nur die Hälfte, nämlich 2 Milliliter pro 5 Liter Wasser. Anders gesagt: Oft genügen schon ein bis zwei Tropfen, um deinen ganzen Abwasch sauber zu bekommen. Probiere es einmal aus! Wetten, du hast bisher kräftig überdosiert? Mir ging es jedenfalls bis vor Kurzem so.

SPÜLMASCHINE

Ist dein Geschirr normal verschmutzt, reichen 50 Grad im Eco-Programm, um es hygienisch zu reinigen. Lasse aber kein Geschirr tagelang ungespült darin stehen, auf dem Fleisch, Fisch oder eine Eierspeise zubereitet wurde! Falls doch, wähle dann unbedingt eine Spültemperatur von mindestens 60 Grad, um potenziell fiese Keime restlos loszuwerden. Man sieht: Umweltbewusst handeln heißt auch, nichts gammeln zu lassen.

Etwa einmal im Monat solltest du die Maschine dann ohnehin einmal bei 60 Grad durchlaufen lassen, um Ablagerungen gehärteter Fette (Fertiggerichte!) zu vermeiden. Auch wenn die Maschine länger stand, weil du zum Beispiel im Urlaub warst, kommst du um einen 60-Grad-Durchlauf nicht drum herum, um die Keime loszuwerden, die sich während deiner Abwesenheit fröhlich vermehrt haben.

Lasse dich nicht von der Länge der Laufzeit verwirren: Länger laufende Programme verbrauchen meist weniger Wasser und Energie als kürzere, weil erstere die Macht des Einweichens nutzen.

Nutze Salz nur, wenn die Wasserhärte bei euch höher als 4 °dH ist (beim Wasserversorger erfragen). Weicheres Wasser kommt mit einem Pulver, Gel oder Tabs und etwas Klarspüler aus. Bei einer Wasserhärte zwischen 4 und 21 °dH verwendest du am besten handelsübliche Multifunktionsprodukte. Ist euer Wasser noch härter, wirst du um die Anwendung eines zusätzlichen Salzes kaum herumkommen. Lies in allen Fällen die Herstellerangaben auf den Rückseiten der Verpackungen.

Damit die Spülmaschine effizient läuft und lange hält, entferne vor dem Beladen immer alle groben Speisereste. Von Hand vorspülen brauchst du das Geschirr aber nicht. Achte einfach beim Einräumen darauf, dass alle Flächen von den Wasserstrahlen getroffen werden können. Die Maschine sollte möglichst voll beladen werden, ohne dass sich das Geschirr gegenseitig berührt. Wenn du sie sorgfältig einräumst, vermeidest du, dass manches ein zweites Mal gespült werden muss.

WANN BRAUCHE ICH EINEN NEUEN GESCHIRRSPÜLER?

In der Regel halten die Geräte etwa zwölf Jahre lang, wenn sie 280-mal im Jahr laufen. Allerdings sind die Verbrauchswerte in den letzten 20 Jahren enorm gesunken: der Wasserverbrauch um 70 Prozent, der Stromverbrauch um 50 Prozent. Moderne Spülmaschinen sind somit viel effizienter als der Abwasch mit der Hand, sie verbrauchen nur etwa halb so viel Wasser.

Wenn du einen neuen Geschirrspüler kaufst, achte neben der besten Effizienzklasse darauf, dass die Größe dem anfallenden Geschirr angemessen ist. Ein Eco- oder Automatikprogramm und Sensoren für die Trübung des Wassers und die Beladung der Maschine sparen weiter Wasser und Energie. Wie viel du genau sparen kannst, rechnest du am besten bei forum-waschen.de mit dem Onlinespülrechner aus.

WENN DU EIN NEUES HAUSHALTSGERÄT ANSCHAFFEN MÖCHTEST, LOHNT SICH DER VERGLEICH BEI STIFTUNG WARENTEST: TEST.DE/SPARGERAETE. AUßERDEM EMPFEHLENSWERT IST DIE APP ECOGATOR, EIN MEHRFACH PREISGEKRÖNTER KAUFBERATER FÜR BESONDERS ENERGIEEFFIZIENTE GROßGERÄTE.

KÜHL- UND GEFRIERSCHRANK EFFIZIENT NUTZEN

Es gibt nicht viel, was in unserem Haushalt ständig eingeschaltet ist, aber unser Kühlschrank gehört definitiv dazu. Grund genug, ihn optimal zu nutzen, denn er kann bis zu einem Fünftel deines gesamten Haushaltsstroms verbrauchen – ein heftiger Posten, wenn dann die Rechnung kommt!

Zuallererst wäre da erst einmal der Ort, an dem wir ihn aufstellen. Er gehört nicht neben eine Wärmequelle wie beispielsweise den Geschirrspüler oder gar den Ofen. Auch direkte Sonneneinstrahlung ist ungünstig. Dann sorge als Nächstes dafür, dass dein Kühlschrank immer gut gefüllt ist. Das macht nicht nur dich und eventuelle Überraschungsgäste froh. Aus einem traurigen, halb benutzten Kühlschrank entweicht einfach in Nullkommanix die kalte Luft, wenn du die Tür öffnest. Die Lebensmittel darin halten die Kälte dagegen länger. Das heißt, der Kühlschrank muss im Anschluss nicht so hart arbeiten, um alles wieder auf die richtige Temperatur zu bringen. Die liegt übrigens bei 7 °C. Jedes Grad darunter ist unnötig und erhöht den Stromverbrauch um fünf Prozent, darauf weisen die Verbraucherzentralen hin.

Einmal im Monat sollten wir aus Hygienegründen den Kühlschrank reinigen. Denke dabei auch an die Dichtung. Bleibt sie sauber, kann sie besser schließen. Dann bleibt die Kälte besser drin. Schaue bei der Gelegenheit nach, ob du abtauen musst. Eine Eisschicht im Kühlschrank kann den Energieverbrauch massiv in die Höhe treiben! Denn die wirkt wie eine Isolierung zwischen den Kühlstreben hinten am Kühlschrank und seiner Innenluft. Gleiches gilt übrigens für Essensreste, die noch nicht ganz abgekühlt sind. Die muss der Kühlschrank dann nämlich extra energieaufwendig abkühlen. Auch wenn es einem eventuellen Ordnungstick von dir oder deinem Partner widerspricht: Gebt dem Ganzen Zeit, auf der Arbeitsplatte auf Raumtemperatur abzukühlen. Der Umwelt zuliebe.

WANN MUSS DER ALTE KÜHLSCHRANK RAUS?

Das Öko-Institut in Berlin empfiehlt den Austausch eines Geräts nach zehn bis 15 Jahren gegen eines mit Energieeffizienzklasse A+++. Der Energieverbrauch, der zur Herstellung des Geräts benötigt wird, amortisiert sich extrem schnell: innerhalb von knapp ein bis zweieinhalb Jahren durch die Stromeinsparung im laufenden Betrieb. Auch die Anschaffungskosten hast du dann relativ schnell wieder raus. Kaum zu glauben, was für einen Unterschied dabei das kleine »+« hinter dem A macht: Die Spitzengeräte der Energieeffizienzklasse A+++ verbrauchen nur halb so viel Strom wie die schlechtesten der Kategorie A+.

Kühl-Gefrierkombinationen ziehen bis zu 20 Prozent mehr Strom als reine Kühlschränke und kommen deshalb eigentlich nur infrage, wenn du keinen Platz für einen eigenen Gefrierschrank hast.

Kleiner Tipp am Rande: Passe die Größe deines Kühlschranks deinen tatsächlichen Bedürfnissen an. Ein Zweipersonenhaushalt braucht kein riesiges amerikanisches Modell. Je größer der Kühlschrank, desto mehr Strom zieht er – logisch.

UND DER GEFRIERSCHRANK?

Schon eine beginnende dünne Eisschicht kann den Energieverbrauch um 50 Prozent in die Höhe treiben! Mit regelmäßigem Abtauen kannst du daher locker 50 Euro im Jahr sparen.

Damit kein Kondenswasser entsteht, das sich dann zu besagter Eisschicht umwandelt, öffne die Tür immer nur ganz kurz. Am besten räumst du den Gefrierschrank immer übersichtlich und nach demselben System ein, sodass du nicht lange suchen musst, wenn du etwas herausnimmst.

Noch mehr Strom sparst du, wenn dein Gefrierschrank an einem kühlen Ort steht, zum Beispiel im Keller. Schon bei einem Grad geringerer Raumtemperatur verbraucht der Gefrierschrank sage und schreibe sechs Prozent weniger Strom. Macht bei 18 statt 23 °C schon 30 Prozent! Auf keinen Fall gehört er deshalb gleich neben den Herd oder die Heizung!

Achte darauf, dass dein Gefrierschrank auf die empfohlenen -18 °C eingestellt ist. Das macht was aus: Schon bei zwei Grad weniger, also -20 °C erhöht sich der Stromverbrauch um zehn Prozent.

Gefriertruhen sind übrigens sparsamer als -schränke. Sie verbrauchen bei gleicher Innengröße und Effizienzklasse rund 12 Prozent weniger Strom.

Der Austausch deines alten Geräts lohnt sich allerdings frühestens nach zehn Jahren, empfehlen Experten. Der Preis für den Neukauf amortisiert sich dann innerhalb von acht bis zehn Jahren durch die Stromersparnis – sofern das neue Gerät die Energieeffizienzklasse A+++ hat. In diesem Fall kann der Stromverbrauch um bis zu 50 Prozent sinken.

UMWELTFREUNDLICH PUTZEN

Ich bin kein Putzteufel, aber wenn es überall schön blitzt und sauber riecht, fühle ich mich einfach wohl. Glaubt man der Fernsehwerbung, braucht es allerdings ein halbes Chemielabor, um den ganz normalen Haushaltsdreck zu beseitigen. Das ist genauso Blödsinn wie das Klischee der Hausfrau, die sich nichts sehnlicher wünscht als die glänzenden Gläser, die ihr das jeweilig beworbene Produkt beschert.

Wer für jeden Einsatzbereich ein spezielles Mittelchen kauft – Badreiniger, Teppichreiniger, Fliesenputzmittel, Teppichreiniger, Kalkentferner etc. –, der steht schnell mit ziemlich vielen Plastikflaschen da. Einige von ihnen kommen nur ein paarmal im Jahr zum Einsatz. Schon allein der scharfe Geruch einiger Produkte ist allerdings ein deutliches Zeichen, dass diese unserer Gesundheit nicht zuträglich sein können. Hinzu kommen die Warnhinweise auf den Flaschen: Das Piktogramm einer Flamme warnt vor entzündlichen Mitteln, eine Hand mit Loch vor ätzenden Stoffen. Ein toter Fisch mit Baum steht für Umweltgefahr, der Totenkopf auf Reinigungsmitteln mit Salpetersäure erklärt sich von selbst. So etwas will ich nicht zu Hause haben! Und ich will es auch nicht in die Umwelt spülen, wo es weiter Schaden anrichtet. Für alle von euch, die Kinder haben: Putzmittel sind für 90 Prozent der Vergiftungen bei Kindern verantwortlich, einige Betroffene tragen schwere und bleibende Schäden davon.

Die Inhaltsstoffe gängiger Reinigungsmittel, zum Beispiel Phosphonate, Polycarboxylate, optische Aufheller, Konservierungsmittel, Silikone, Paraffine, synthetische Duftstoffe und Farbstoffe können laut Umweltbundesamt außerdem kaum biologisch abgebaut werden. Sie reichern sich in den Gewässern an.

TRICK 17: AM WENIGSTEN REINIGUNGSMITTEL BRAUCHST DU, WENN DU FLECKEN GLEICH WEGWISCHST, BEVOR SIE VERKRUSTEN. DANN GEHT ES MEIST SCHON MIT WASSER UND VIELLEICHT EINEM TRÖPFCHEN SPÜLI.

Phosphor- und Stickstoffverbindungen aus dem Putzschrank tragen dann noch zusätzlich zu einer Überdüngung dieser Gewässer bei, sodass sie leichter »kippen«. Es gibt zwei Möglichkeiten, die Umwelt beim Putzen zu schonen. Entweder wir kaufen Produkte mit dem Umweltzeichen »Ecocert« oder »Ecogarantie«. Die sind frei von problematischen Stoffen. Oder du wirst selbst kreativ: mit deutlich weniger und natürlicheren Zutaten. Hausmittel wie Essig, Zitronensäure, Orange, Soda und Natron bringen fast jeden Bereich im Haushalt in Nullkommanix wieder zum Strahlen. Ich habe ein bisschen herumprobiert und stelle euch hier die meiner Meinung nach effektivsten natürlichen Reinigungsmittel vor. Nachmachen ausdrücklich erwünscht!

ZITRONEN-POWER GEGEN KALK

Sie ist der beste Kalkentferner, den die Natur zu bieten hat: Mit Zitronensäure blitzen die Armaturen im Handumdrehen wie neu. Einfach mit einem in der Lösung getränkten Tuch darüberwischen. Das Mischungsverhältnis entnimmst du der Anleitung auf der Verpackung. Danach noch einmal mit klarem Wasser nachwischen. Zitronensäure ist nicht so aggressiv wie Essig – letzterer kann Gummidichtungen angreifen und beschädigen. Zitronensäure hat genau die richtige Kraft. Ich finde, sie riecht auch bedeutend besser.

Kalkablagerungen in der Waschmaschine können diese beschädigen und ihre Lebensdauer verkürzen. Damit du lange etwas von deinen Geräten hast, gib einmal

SCHON GEWUSST? ZITRONENSÄURE KOMMT AUS ZUCKERRÜBEN

DIE SÄURE STECKT TATSÄCHLICH NICHT NUR IN ZITRONEN, SONDERN IN VIELEN FRÜCHTEN, ZUM BEISPIEL IN ÄPFELN UND BEEREN. INDUSTRIELL WIRD SIE HEUTZUTAGE MEIST AUS FERMENTIERTEN ZUCKERRÜBEN GEWONNEN. FÜR DEN HAUSGEBRAUCH KANNST DU ZITRONENSÄURE IM ÖKOVERSAND BESTELLEN UND DORT ZWISCHEN EINEM ERGIEBIGEN PULVER UND DER FLÜSSIGEN FORM WÄHLEN. ICH NUTZE DAS PULVER, DAS ICH DANN SELBST IN WASSER AUFLÖSE UND IN EINER ALTEN REINIGUNGSFLASCHE AUFBEWAHRE. DIE FERTIGE LÖSUNG WIRKT AUSSERDEM GEGEN SCHIMMEL UND HAT ANTIBAKTERIELLE EIGENSCHAFTEN.

im Monat einen halben Becher Zitronenlösung (etwa 100 Milliliter) in die Trommel, und lasse die Maschine einmal so heiß wie möglich durchlaufen. So entfernst du zudem alle unliebsamen hartnäckigen Bakterien und Pilze.

Auch deine Kaffeemaschine und deinen Wasserkocher kannst du mit Zitronensäure entkalken. Rühre die Mischung nach den Herstellerhinweisen an, und lasse sie einmal durchlaufen. Diese Vorsorge verbraucht auf den ersten Blick zwar einiges an Energie, beugt aber dem Verschleiß und somit dem Neukauf eines Geräts vor.

Verkalkte Duschköpfe kannst du abschrauben und zum Entkalken direkt in die Säurelösung legen. Nach fünf Minuten kurz unter fließendes Wasser halten. Selbst Urinstein im WC hat gegen Zitronen-Power keine Chance: Einfach drei Esslöffel Zitronensäure in der Toilettenschüssel verteilen und drei Stunden lang einwirken lassen. Einmal mit der Bürste darüberschrubben, spülen, fertig.

Achtung: So vielseitig sie auch einsetzbar ist. Für empfindliche Marmorböden oder Emailleoberflächen taugt diese natürliche Säure dann doch nicht, sie könnte die Struktur zu sehr angreifen.

ZITRONENSÄURE ENTFERNT EBENSO GELBE FLECKEN AUF T-SHIRTS UND WEIẞEN HEMDEN, DIE SICH AM NACKEN ODER IN DEN ACHSELN DURCH SCHWEIẞ UND DEN NATÜRLICHEN HAUTKALK BILDEN. EINFACH DIREKT AUF DIE FLECKEN GEBEN, EINE HALBE STUNDE EINWIRKEN LASSEN UND DANN GANZ NORMAL MITWASCHEN. NEBENEFFEKT: DIE WÄSCHE WIRD WUNDERBAR WEICH.

SODA GEGEN HARTNÄCKIGE VERSCHMUTZUNGEN

Natriumcarbonat, auch Soda genannt, wird schon seit Jahrhunderten zum Putzen verwendet. Gemischt mit Wasser bildet es eine starke Lauge und hat deshalb eine hervorragende fett- und eiweißlösende Wirkung – perfekt für eingebrannte, verkrustete Töpfe und Pfannen, Backbleche – oder für Dunstabzugshauben und Kochfelder. Außerdem bindet es unangenehme Gerüche.

Um eine cremige Paste zum Putzen zu bekommen, rührst du ein Päckchen Soda mit etwa drei Esslöffeln Wasser an. Trage sie auf die verkrusteten Speisereste auf, und lasse sie etwa eine halbe Stunde lang einwirken. Das darin enthaltene Natron reagiert durch Feuchtigkeit zu einer Säure, die aufschäumt. Die löst den eingebrannten Schmutz. Danach normal abspülen beziehungsweise mit klarem Wasser nachwischen und mit einem Tuch trocken reiben. Genial ist Soda auch, um die weißen Gummisohlen von Trainingsschuhen oder Chucks wieder aufzufrischen. Dazu gibst du einfach einen Esslöffel Soda mit zwei bis drei Esslöffeln Wasser in eine Schüssel und benutzt eine alte Zahnbürste, um die Schuhe sauber zu schrubben. Sie werden aussehen wie neu – versprochen!

Sodalauge entfernt auch Grünbeläge hervorragend – innerhalb von Vasen ebenso wie auf Gartenmöbeln oder den Steinflächen im Garten und auf der Terrasse. Zunächst gründlich fegen, dann die Sodalauge aus zwei Esslöffeln Soda und fünf Litern warmem Wasser zwei Stunden einwirken lassen und mit viel klarem Wasser abschrubben. Um weiße Kunststoffrahmen von Fenstern zu reinigen, gibst du am besten etwas Sodalösung in eine Sprühflasche. Das eignet sich ebenso für Küchenschranktüren.

Bei verstopften Abflüssen steht die mechanische Reinigung an erster Stelle. Hole den Ablaufstopfen einmal pro Woche ganz raus, und entferne die Haare, die sich darumgewickelt haben und dort zum Fett- und

Schmutzfänger werden. Sitzt der Siff weiter unten im Siphon, hilft eine Mischung aus Soda und Essig. Einfach vier Esslöffel Soda in den Ausguss geben und sofort eine halbe Tasse Essig hinterherschütten. Die beiden Substanzen lösen im Abfluss eine chemische Reaktion aus, bei der blubbernder Schaum entsteht. Nach drei Minuten mit viel heißem, klarem Wasser nachspülen. Auf die chlorhaltigen scharfen Reiniger aus der Drogerie sollte man besser ganz verzichten, mahnt das Umweltbundesamt. Ein Abflusssieb sorgt dafür, dass es seltener zum Stau im Abflussrohr kommt.

Achtung: Soda ist zwar natürlich und biologisch abbaubar, aufgrund seiner alkalischen Eigenschaften aber auch hautreizend. Deswegen beim Putzen Handschuhe tragen und den Dunst einer heißen Lauge nicht direkt einatmen. Für Marmor, Granit, Holz, Linoleum oder Aluminium ist Soda zu kraftvoll, für diese Oberflächen verwendest du besser spezielle Reinigungsmittel.

DIY: ORANGEN-REINIGER

Orangenterpene sind sekundäre Pflanzenstoffe mit der Fähigkeit, Sauerstoff freizusetzen und so auch starke Verschmutzungen lösen zu können. Mithilfe von Tafelessig kannst du die Terpene aus der Orangenschale lösen. Nimm dafür die Schalen von vier Orangen, gib sie in ein Einmachglas, und fülle dieses mit Essig auf, bis die Schalen vollständig bedeckt sind. Allerdings solltest du etwas Zeit einkalkulieren: Dieser Prozess dauert etwa vier Wochen. Zwischendurch immer mal wieder Essig nachfüllen, denn die Schalen saugen diesen auf. Solange sie vollständig mit Essig bedeckt sind, können sie nicht schimmeln. Wenn die Lösung »reif« ist, fülle ich sie in eine Sprühflasche um und füge etwas Spülmittel hinzu. Das setzt die Oberflächenspannung herab, wodurch es besser an glatten Oberflächen haftet. Super gegen Kalk und mit angenehmem Duft.

CHALLENGE: UMWELTFREUNDLICH PUTZEN

LEVEL 1 **Kaufe ökologische Putzmittel in Nachfüllverpackungen und Putzschwämme aus recycelten Materialien.**

LEVEL 2 **Rühre deine Putzmittel selbst an.**

DIE RICHTIGE AUSRÜSTUNG ZUM PUTZEN

BITTE VERWENDE PAPIERHANDTÜCHER UND EINWEGMATERIALIEN NUR IM AUSNAHMEFALL. BENUTZE STATTDESSEN EINFACH STOFFHANDTÜCHER UND PUTZLAPPEN, DIE DU NACH GEBRAUCH BEI 60 GRAD IN DIE WASCHMASCHINE GIBST. SIE MÜSSEN AUCH NICHT IMMER WIEDER NEU GEKAUFT WERDEN. DAS NÄCHSTE MAL, WENN DU VERSCHLISSENE KLAMOTTEN AUSSORTIERST, SCHNEIDE EINFACH KLEINE QUADRATE DARAUS. DIE KANNST DU DANN ZUM PUTZEN VERWENDEN. WICHTIG IST NUR, DASS SIE ÜBERWIEGEND AUS BAUMWOLLE BESTEHEN, SO ERFÜLLEN SIE AM BESTEN IHREN ZWECK.

ÜBRIGENS: SOGAR DER AUFSATZ VOM WISCHMOPP KANN IN DIE WASCHMASCHINE, EBENSO SCHWÄMME. DIE GIBT ES ÜBRIGENS IM BIO-LADEN AUS RECYCELTEM KUNSTSTOFF. UND WENN EINMAL EINE SPÜLBÜRSTE ODER KLOBÜRSTE DAS ZEITLICHE SEGNET, REICHT ES MEIST, EINEN NEUEN KOPF DAFÜR ZU KAUFEN STATT EINER KOMPLETT NEUEN BÜRSTE.

SAUBER IM BADEZIMMER

JEDEN MONAT AUFS NEUE ...

Wer meine Videos auf YouTube angeschaut hat, weiß, dass ich eine sogenannte Menstruationstasse benutze, wenn ich meine Periode habe. Ich habe kein Problem damit, offen darüber zu reden. Nein, ich denke sogar, das sollten wir unbedingt tun! Wir alle sind erotische, sexuelle Wesen, sonst würde es uns ja gar nicht geben. Und dazu gehört eben auch, dass wir Frauen – sofern wir das Glück haben, einen gesunden Körper zu haben – rund 35 bis 40 Jahre unseres Lebens für jeweils ungefähr drei bis fünf Tage im Monat bluten.

Benutzen wir dafür Tampons und Binden, kommt auf diese Weise ein gigantischer Müllberg zusammen. Rund 16.800 Binden oder Tampons benötigt eine Frau in ihrem Leben. Alle zusammen verbrauchen wir weltweit schätzungsweise 45 Milliarden Tampons und Binden pro Jahr. Beide Produkte haben zudem noch einen hohen Kunststoffanteil, der dann bis zu 500 Jahre lang in der Umwelt bleibt. Ein großer Teil des Plastikmülls an den Stränden besteht aus entsorgten Damenhygieneartikeln. Das betrifft nicht nur die einzelnen Plastikhüllen der Tampons und teilweise Binden, denn auch wenn sie sich weich anfühlen: Aus harmloser Watte sind sie nicht!

Damenbinden bestehen in der Regel aus einer Kunststoffoberfläche und einem saugfähigen Kunststoffgranulat-Kern. Selbst Tampons bestehen vor allem aus künstlicher Viskosewatte (Rayon). Der Baumwollanteil beider Produkte wird in der Regel aus gentechnisch veränderter

Baumwolle hergestellt, die heftig gespritzt wird. Wollen wir diesen Cocktail wirklich an unsere empfindlichste Stelle schieben? Ich nicht! Sicher, es gibt die Möglichkeit, Bio-Tampons und -Binden zu kaufen. Aber als umweltfreundlichste Methode, weil der Produktionsaufwand insgesamt viel geringer ist, gilt die Menstruationstasse.

Eine Menstruationstasse, auch Mondtasse genannt, soll laut Herstellern bei richtiger Pflege bis zu zehn Jahre halten. Das spart Müll, aber ebenso bares Geld. Nehmen wir an, du kaufst dir eine Mondtasse für rund 16 Euro. Die Anschaffungskosten hast du im Vergleich zu Tampons oder Binden nach ungefähr einem halben Jahr wieder raus, und danach sparst du nur noch – am Ende der restlichen neuneinhalb Jahre Lebensdauer der Mondtasse kommen bei angenommenen zwei Euro für 16 Tampons 228 Euro zusammen. Wenn du sonst teure Markenartikel benutzt oder eine stärkere und längere Monatsblutung hast, sparst du natürlich noch mehr.

ANWENDUNG DER MENSTRUATIONSTASSE

Zum Einführen drückst du deine Mondtasse leicht zusammen und prüfst dann, ob sie sich vollständig entfaltet hat, indem du einmal mit dem Finger darum herumstreichst. Zum Herausnehmen drückst du die Tasse wieder leicht zusammen und ziehst am unteren Stiel. Weil die Menstruationstasse nämlich ein relativ hohes Fassungsvermögen von teilweise über 30 Millilitern hat, kannst du sie auch acht bis 12 Stunden am

Stück tragen, also bei Bedarf nur einmal morgens und einmal abends wechseln, wenn dir danach ist. Ich kippe meine Menstruationstasse dann einfach in der Toilette aus und reinige sie mit fließendem Wasser am Waschbecken, erst warm, dann kalt, bevor ich sie wieder einsetze.

Achtung: In diesem Moment brauchst du keine Seife und schon gar keine scharfen Desinfektionsmittel!

Am Ende der jeweiligen Periode koche ich sie allerdings aus Hygienegründen einmal gründlich aus. Dazu entferne ich erst einmal Beläge, sofern sich welche gebildet haben, mit etwas unparfümierter Seife und bei Bedarf mit einer alten Zahnbürste. Am leichtesten geht es, wenn du dazu die Menstruationstasse von innen nach außen umstülpst. Dann einen kleinen Topf mit heißem Wasser aus dem Wasserkocher füllen, und die Menstruationstasse darin fünf Minuten köcheln lassen.

Achtung: Gib nie scharfe Reinigungsmittel dazu, sie sind unnötig und könnten deine Scheide reizen. Ist die Mondtasse nach dem Trocknen wie mit einem feinen, weißen Puder überzogen, liegt das daran, dass ihr besonders kalkhaltiges Wasser habt. Dann kannst du sie einfach mit einem sauberen Tuch abwischen.

Als ich das erste Mal mit der Menstruationstasse Sport gemacht habe, war ich vorab besorgt: Ob sie wohl hält, wenn ich laufen gehe? Zur Sicherheit habe ich noch eine Binde eingelegt. Dabei hätte ich mir überhaupt keine Gedanken machen brauchen! Die Menstruationstasse sitzt perfekt und rutscht nicht. Bei Sit-ups und anderen Bewegungen passt sie sich komplett dem Körper an – ich bemerke sie dabei gar nicht. Falls du in die Sauna gehst: Die Menstruationstasse ist hierfür ebenfalls geeignet, und es luschert kein verräterischer Bindfaden heraus wie beim Tampon. Ist man unterwegs, kommt man auch nicht in die peinliche Situation wie mit Tampons, wenn beispielsweise kein Mülleimer bereitsteht. Denn alles, was du brauchst, ist ein Waschbecken – und das gibt es hierzulande überall, wo es eine Toilette gibt.

Neben der Müllvermeidung hat die Menstruationstasse noch den Vorteil, dass man seine Blutung fest im Blick hat. Änderungen von Menge und Beschaffenheit fallen hier viel schneller auf als beim vollgesaugten Tampon. Dadurch lernst du deinen Körper besser kennen. Außerdem trocknet die Menstruationstasse die Vagina nicht so aus wie diese stark saugenden Tampons und schont die Vaginalflora. Infektionen treten deshalb seltener auf. Sie soll auch

CHALLENGE: NATÜRLICH IM RHYTHMUS

LEVEL 1 Kaufe dir im Bio-Laden oder in der Drogerie Bio-Tampons aus Bio-Baumwolle, frei von Pestiziden. Je nach Hersteller sind sie nicht teurer als konventionelle Markenprodukte.

LEVEL 2 Gönne dir deine eigene Menstruationstasse.

weniger Rückstände in der Scheide hinterlassen.

Die Zeitschrift Öko-Test hat vor einigen Jahren konventionelle Markentampons geprüft und bei einigen sogar potenziell krebserregendes Formaldehyd und halogenorganische Verbindungen gefunden, die aus dem Bleichprozess der strahlend weißen Produkte stammen. Weil antiallergene Menstruationstassen aus medizinischem Silikon gefertigt sind, treten so gut wie nie Reizungen auf. PVC, Weichmacher oder Latex sind in Menstruationstassen nicht enthalten. Sie sind für Frauen jeden Alters geeignet. Wer bereits ein Kind entbunden hat, nimmt ein etwas größeres Modell. Einzig ganz junge Mädchen mit intaktem Jungfernhäutchen sollten noch damit warten, bis sich das Selbstanfassen und Einführen einige Jahre später ganz natürlich anfühlt.

Sicher, durch die Menstruationstasse kommst du eher in Berührung mit deinem eigenen Blut. Es kann sein, dass dir bei der Handhabung etwas über den Finger läuft. Mache dir einfach bewusst, dass das deine Lebenskraft ist, die deinen Körper mit allem versorgt, was er braucht. Würdest du ein Baby bekommen, hätte dieses Blut es genährt und damit neues Leben erschaffen. Unser Blut ist ein Wunder, und wir können und sollten es ehren. Der Kontakt mit unserem Körper sollte völlig natürlich sein.

ZÄHNE PUTZEN

Unsere Zahnbürste sollten wir alle drei Monate wechseln, empfehlen Zahnmediziner. Dann stehen die Borsten nämlich in der Regel kreuz und quer und büßen deshalb einiges ihrer Reinigungsfunktion ein. Das Problem am häufigen Wechseln ist der Plastikmüll, der dadurch entsteht. Wieder landen Milliarden benutzter Zahnbürsten pro Jahr auf Müllkippen oder im Meer, wo sie Jahrhunderte brauchen, um sich zu zersetzen. Was das Problem verschlimmert ist die komische Mülltrennung hierzulande. Plastikzahnbürsten dürfen, genau wie Strohhalme (ja, du liest richtig), nämlich nicht in den gelben Sack, weil sie keine Verpackungen sind. Stattdessen ist vorgeschrieben, dass wir sie in den Restmüll werfen. Wenn es bei euch eine Wertstofftonne gibt, kannst du sie vermutlich wenigstens da reinschmeißen. Leider ist sie aber nicht überall in Deutschland verfügbar. Und in vielen Gemeinden bestehen ganz unterschiedliche Regeln dazu, was nun letztlich hineindarf.

WELCHE ZAHNBÜRSTE WÄHLEN?

Um das Problem von vornherein zu vermeiden, gibt es aber eine einfache und schicke Lösung: Bambuszahnbürsten. Ihr Holz ist komplett biologisch abbaubar. Zudem ist es eines der am schnellsten nachwachsenden Rohstoffe unserer Erde. Unfassbar, aber wahr: Bambustriebe wachsen einen Meter in 36 Stunden! Deswegen ist es auch so einfach, Bio-Bambus anzubauen – wer braucht da noch Dünger? Auch Pestizide oder eine gesonderte Bewässerung sind normalerweise unnötig. Weil Bambus

LIFEHACK: ZAHNBÜRSTE KOCHEN

IST DEINE ZAHNBÜRSTE AUSGEFRANST, KANNST DU IHRE LEBENSDAUER VERLÄNGERN – UND SIE HYGIENISCH REINIGEN –, INDEM DU SIE IN EINEM KLEINEN TOPF MIT ETWA DREI ZENTIMETER HOHEM WASSER KÖCHELN LÄSST. DREHE DIE BÜRSTE SO, DASS EIN KLEINER STRUDEL ENTSTEHT. NACH ZWEI BIS DREI MINUTEN SIEHT DEINE ZAHNBÜRSTE WIEDER AUS WIE NEU.

so schnell wächst, bindet er mehr CO_2 als andere Pflanzen und produziert dafür jede Menge Sauerstoff. Zum Aufatmen! Ein weiterer Vorteil: Bambus hat von Natur aus antibakterielle Eigenschaften, reduziert also die Keimlast auf deiner Zahnbürste. Er ist wasserabweisend, trocknet also sehr schnell und gammelt nicht. Auch Splitter treten nicht auf, keine Sorge.

Viele Anbieter von Bambuszahnbürsten machen sich auch Gedanken um die Borsten. Die teils weißen, teils bunten Köpfe dieser Bürsten sind bei Bio-Anbietern meist aus recyceltem, BPA-freien Kunststoff gemacht. Verpackt werden diese Zahnbürsten in Recyclingkartons statt in Plastik. Auch das entlastet die Umwelt.

Wenn du deine Bambuszahnbürste entsorgen willst, brichst du am besten den Griff ab, denn der ist kompostierbar. Dann bleiben nur noch die recycelten Borsten für die Tonne.

Eine etwas abgefahrenere Variante, die unter Überzeugungstätern kursiert, ist »Miswak«. Das sind Zweige des sogenannten Zahnbürstenbaums (gibt's wirklich). Er wächst in Nordafrika und auf der Arabischen Halbinsel und wird dort zur Zahnpflege verwendet. In der ganz traditionellen Variante wird ein Zweig abgebrochen und dann solange darauf herumgekaut, bis die Fasern sich wie Borsten anfühlen. In der modernen Variante gibt es die Fasern allerdings direkt wie normale Borsten in einer Zahnbürste integriert.

GIBT ES NACHHALTIGE ZAHNPASTA?

Klar gibt es die – im Bio-Laden und sogar in vielen Drogerien findest du eine große Auswahl. Der wesentliche Unterschied zu konventioneller Zahnpasta besteht darin, dass

in Bio-Zahnpasta keine gesundheitlich bedenklichen Inhaltsstoffe wie schleimhautreizende Tenside, halogenorganische Verbindungen, Parabene als Konservierungsstoffe und PEG/PEG-Derivate enthalten sind. Bis vor einigen Jahren enthielten einige konventionelle Zahnpasten auch noch Mikroplastik.
Der Trend ist zumindest bei diesem Kosmetikprodukt glücklicherweise rückläufig (mehr dazu auf Seite 94).

Zahnputztabletten gibt es zum Beispiel im Schraubglas oder im Nachfülltütchen aus Papier. Kaufen kannst du sie online oder im Unverpackt-Laden. Pro Putzvorgang zerbeißt du eine dieser Tabletten. Du kaust, bis ein leichter Schaum entsteht, und schrubbst dann mit der angefeuchteten Zahnbürste wie gewohnt.
Willst du noch einen Schritt weitergehen, kannst du dir deine Zahnpasta selbst anrühren.

SELBST GEMACHTE ZAHNPASTA

Du brauchst:

- 4 EL Kokosöl
- 2 EL Natron
- 1 Prise Xylit
- 2–3 Tropfen Pfefferminzöl

Zubereitung:

Lasse das Kokosöl im Wasserbad schmelzen.
Alle weiteren Zutaten hinzufügen und gut umrühren.
In ein kleines Schraubglas umfüllen und bei Zimmertemperatur aufbewahren – im Kühlschrank wird es zu hart.

Diese selbst gemachte Zahnpasta hat neben gesparter Verpackung eine Menge Vorteile: Das Kokosöl enthält natürliche Capryl- und Laurinsäure, die antibakteriell wirken und so das Risiko für Karies und Zahnfleischentzündungen mindern. Natron lässt auf ganz natürliche Weise die Zähne weiß blitzen. Xylit wirkt kariesreduzierend, und Pfefferminzöl fügen wir für den guten Geschmack hinzu.

KÖRPERPFLEGE

Das Einfachste zuerst: Wer Müll reduzieren will, kann bei seiner Seife anfangen. Die muss nämlich nicht aus dem Plastikspender kommen. Selbst wenn du bei erneuten Käufen zum Nachfüllbeutel greifst, ist diese Verpackung vollkommen vermeidbar. Gönne dir lieber eine feste Seife aus guten Pflanzenölen, die beim Waschen gleichzeitig deine Haut pflegt. Dann kannst du sie prima zum Duschen benutzen – statt Duschgel, das ja auch immer in der Plastikpackung daherkommt.

HÄNGE DEINE SEIFE IN EINEM GROBMASCHIGEN SISALNETZ IN DER DUSCHE AUF. DAS KANNST DU DIR DANN EINFACH SO SCHNAPPEN – DIE MASCHEN HELFEN SOGAR BEIM AUFSCHÄUMEN UND HABEN EINEN PEELINGEFFEKT. NACH BENUTZUNG KANNST DU ES IN DER DUSCHE ZUM ABTROPFEN AUFHÄNGEN. DAS VERHINDERT UNSCHÖNE SEIFENRESTE ODER GAR EIN FESTKLEBEN DER SEIFE IN DER SCHALE.

HAARE WASCHEN OHNE PLASTIK

Hast du schon einmal eine feste Haarwaschseife ausprobiert? Die ist garantiert frei von Mikroplastik und spart Plastik-Verpackungsmüll. Palmölfrei ist sie optimalerweise auch noch.

Ich war angenehm überrascht, weil mein Haar eigentlich etwas trocken und störrisch ist und ich sonst immer auf besonders »pflegende« Produkte geachtet habe. Aber nach der ersten Anwendung waren meine Haare ganz weich, obwohl ich noch nicht einmal eine Spülung benutzt hatte. Gleichzeitig fetten die Haare nicht so schnell nach. Du brauchst sie also nicht mehr so oft waschen. Ich glaube, das liegt daran, dass diese Naturkosmetik die Kopfhaut nicht so durcheinanderbringt. Außerdem stecken keine Emulgatoren oder Konservierungsstoffe drin, die sonst empfindliche Haut reizen können.

Unter der Dusche reibst du das feste Shampoo einfach sanft über die nassen Haare, bis es gut aufschäumt. Dann kannst du es kurz einmassieren und anschließend ausspülen. Falls du bisher Haarpflegemittel mit Mikroplastik verwendet hast, kann es sein, dass es ein paar Anwendungen lang dauert, bis deine Haare sich umgestellt haben, weil erst die Kunststoffreste entfernt werden und die Kopfhaut sich von der bisherigen Tortur und ihren verstopften Poren erholen muss.

IM SCHNITT VERBRAUCHT JEDER MENSCH IN DEUTSCHLAND IM LAUF SEINES LEBENS ETWA 787 FLASCHEN SHAMPOO, DAS MACHT 20 BIS 25 KILOGRAMM PLASTIKMÜLL.

PEELING OHNE PLASTIK

Ganz ehrlich: Ein Peeling selbst anzurühren ist nun wahrlich kein Hexenwerk. Alles, was du im Wesentlichen brauchst, ist etwas zum Rubbeln und eine hautberuhigende Trägermasse. Für empfindliche Haut, wenn du also wie ich zu roten Flecken neigst, eignet sich ein Peeling aus drei Esslöffeln Naturjoghurt und zwei Esslöffeln Haferkleie. Wenn du zu trockener Haut neigst, gibst du noch einen winzigen Schuss Oliven- oder Avocadoöl (Bio-Laden, Reformhaus) dazu. Um den Rubbeleffekt zu verstärken, kannst du auch noch einen Teelöffel gemahlene Mandeln unterrühren. Die liefern nämlich gleichzeitig wertvolle Fettsäuren und Vitamine für die Haut.

MIKROPLASTIK IN KOSMETIKA

Staubgroße Plastikpartikel, oft in Form winziger Kügelchen, stecken in vielen konventionellen Kosmetikprodukten. Verwenden wir sie zur »Körperpflege«, spülen wir sie gleichzeitig – ohne es überhaupt mitzubekommen – den Abfluss hinunter. Jahr für Jahr landen so bis zu 1100 Tonnen Mikroplastik aus der EU in Seen und Meeren. Und von dort wandern sie in den Magen der Fische. Drei von vier Fischen haben mittlerweile Mikroplastik im Bauch, das gab ein irisches Forscherteam bekannt.

Es ist eine unsichtbare Gefahr. Die synthetischen, unlöslichen Polymere sind kleiner als fünf Millimeter – fürs Auge kaum sichtbar. Manche sind auch keine Kügelchen, sondern flüssig oder gelförmig. Keine Chance also, ihnen auszuweichen, wenn sie im Wasser sind. Das Mikroplastik reichert sich also entlang der Nahrungskette an: vom Plankton über Fische bis hin zu den Seevögeln. Im Magen der armen Tiere verursacht Mikroplastik fiese Entzündungen. Und wir essen die Fische ja dann auch. Ganz schön unappetitlich. Und es kommt noch schlimmer: Das Mikroplastik wirkt in der Umwelt wie ein Staubsauger für Schadstoffe. Ihre Konzentration ist im Mikroplastik oft hundertmal höher als im Rest des Meerwassers. Darauf weist die Naturschutzorganisation BUND hin.

Doch Mikroplastik landet nicht nur im Meer. Unsere Kläranlagen können die teils mikroskopisch kleinen Partikel nicht vollständig aus dem Abwasser filtern. So gerät es von der Dusche hin in die freien Gewässer – und mit dem Klärschlamm auf die Felder, wo unsere Nahrung angebaut wird. Pestizide lagern sich hier noch mehr an als ohnehin schon. Die Langzeitfolgen? Wenn sie bei uns die gleichen sind wie

bei den Meerestieren, sollten wir besorgt sein. Bei ihnen wurden nämlich bereits vermehrt funktionelle Störungen und Tumorbildung festgestellt. Blöd auch, wenn im Lippenstift-Mikroplastik beispielsweise hormonschädigendes BPA steckt. Ich möchte nicht wissen, wie viele Menschen ihren Kinderwunsch nicht erfüllen konnten, weil sie mit diesem Gift in Berührung gekommen sind.

Mikroplastik kommt im Peeling vor, aber außerdem im Duschgel, Shampoo, Lippenstift, im Make-up, Puder, Abdeckstift, Lidschatten, Eyeliner, in Wimperntusche, Gesichtscreme, Bodylotion und Sonnencreme. Aufgrund der vielzähligen Proteste haben zwar auch konventionelle Kosmetikunternehmen angekündigt, Mikroplastik aus künftigen Produktrezepturen zu entfernen. Laut der Verbraucherplattform Codecheck enthielt aber 2016 noch jedes dritte Gesichtspeeling Mikroplastik, jede dritte Sonnencreme, jedes vierte Duschgel und jedes zehnte Make-up. Aus der Zahnpasta, die in Deutschland vertrieben wird, ist Mikroplastik mittlerweile so gut wie verschwunden.

Wie also das fiese Zeug vermeiden?

Ein Blick auf die Inhaltsstoffe auf der Rückseite der Verpackungen hilft weiter: Stehen dort die Begriffe Polyethylen (PE), Polypropylen (PP), Polyamid (PA) oder Polyethylenterephthalat (PET), stellst du das Produkt besser wieder zurück ins Regal. Denn hierbei handelt es sich um Mikroplastik. Im BUND-Einkaufsratgeber »Mikroplastik« kannst du auch nachschauen, ob dein Produkt die fiesen kleinen Kugeln enthält. Der Ratgeber wird regelmäßig aktualisiert. Wer's einfacher haben möchte, kauft zertifizierte Naturkosmetik. Da ist garantiert kein Mikroplastik drin.

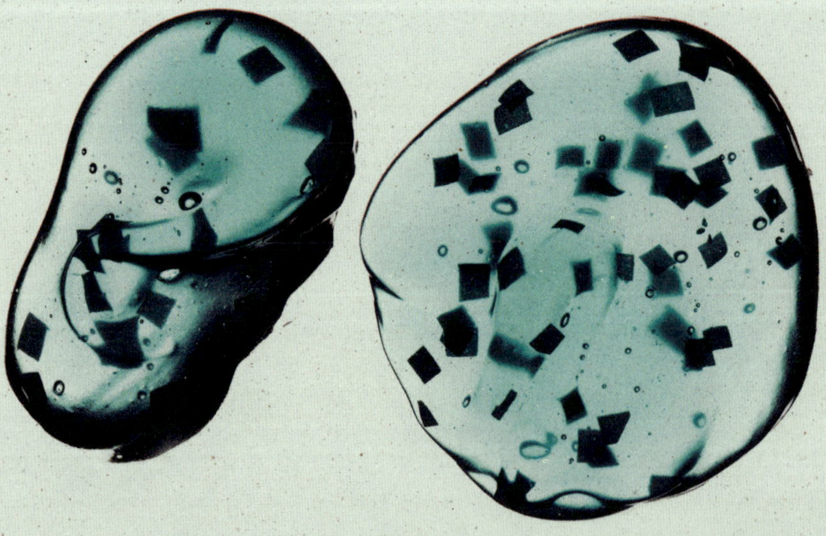

FESTES DEO

Die meisten Deos im Laden stecken in Aluminium- oder Plastikbehältern. Einige wenige Hersteller (z. B. »CD«) bieten auch Glasflaschen an. Es gibt aber eine noch umweltfreundlichere Alternative: Deo-Cremes aus Glas- und Metalldöschen sowie feste Deos. Letztere kommen bis auf ein kleines bisschen Pappe drumherum so gut wie ohne Verpackung aus und sind sehr ergiebig. Ein Stück festes Deo hält etwa doppelt so lange wie die Standardmenge eines gewöhnlichen Deos. Es basiert beispielsweise auf Kokosöl und Natron und kommt ohne gesundheitsschädliche Aluminiumsalze aus. Die stecken immer noch in einigen konventionellen Deos, obwohl sie in den Ruf geraten sind, die Entstehung von Brustkrebs zu begünstigen.

SCANNE DEINE KOSMETIK

MIT DER APP CODECHECK AUF DEM SMARTPHONE KANNST DU DEINE KOSMETIKA EINSCANNEN UND DIR DIE BEWERTUNG DER INHALTSSTOFFE ANSEHEN. SIND SIE BEDENKLICH, WERDEN DIR GESUNDE UND UMWELTFREUNDLICHE ALTERNATIVEN VORGESCHLAGEN. ÄHNLICH FUNKTIONIERT DIE EBENFALLS SEHR EMPFEHLENSWERTE APP TOXFOX VOM BUND: SIE FOKUSSIERT SICH VOR ALLEM AUF HORMONELL WIRKSAME SCHADSTOFFE IN DER KOSMETIK.

WENIGER WATTE

Sie sind die kleinen Sünden im Badezimmer: Wattestäbchen und Abschminkpads, meist verpackt in einer Extraschicht Plastik. Wenn du bisher dachtest, der Inhalt wären umweltfreundliche Produkte aus unverfänglicher Baumwolle, muss ich dich leider enttäuschen. Die meisten konventionellen Produkte bestehen aus Viskose, eine halbsynthetische Faser, die auf Grundlage von Cellulose hergestellt wird. Cellulose wird aus Bäumen gewonnen, die im Rahmen der Forstwirtschaft zurückgeschnitten wurden. Allerdings wird im Herstellungsverfahren so viel Chemie zugesetzt und

giftiger Schwefelwasserstoff und Schwefelkohlenstoff freigesetzt, dass Viskose als Chemiefaser gilt.
Grundsätzlich heißt es also: Ist ein »Watteprodukt« strahlend weiß, dann ist es nicht natürlich. Entweder es handelt sich eben um Viskose – oder um Baumwolle, die aggressiv gebleicht wurde. Stammt diese Baumwolle aus konventionellem Anbau, kommt schon dabei sehr viel Chemie zum Einsatz.

Bei Wattestäbchen macht der Plastikstengel die Ökobilanz noch miserabler. Die haben auch noch so eine Größe und Form, dass sie leicht in den Nasenlöchern von Meeresschildkröten stecken bleiben – und die kriegen sie dann ein Leben lang nicht mehr raus. Deshalb: Wenn du auf Wattestäbchen nicht verzichten kannst, entscheide dich für die Variante aus Bio-Baumwolle und Stengel aus Bambus oder Holz aus kontrollierter Forstwirtschaft, also mit dem FSC-Siegel. Die sind komplett biologisch abbaubar, können also sogar auf dem Kompost entsorgt werden.

Bei Wattepads ist Bio-Baumwolle besser als konventionelle Baumwolle und Viskose, noch besser allerdings sind Produkte aus Hanf. Für seinen Anbau wird nämlich viel weniger Wasser verbraucht als für Baumwolle. Als Alternative kannst du zu wiederverwendbaren Abschminktüchern

CHALLENGE: WENIGER WATTE

LEVEL 1 **Kaufe Bio-Abschminkpads aus Baumwolle oder Hanf.**

LEVEL 2 **Kaufe wiederverwendbare Abschminkpads, oder nähe dir selbst welche.**

greifen. Denn mal ehrlich – wenn man das volle Programm aufgelegt hat, braucht man doch normalerweise locker vier bis fünf Pads, bis das Gesicht wieder ganz sauber ist. Jede Menge Müll, den man so einfach vermeiden kann. Abschminkpads aus Stoff kannst du bis zu 300-mal benutzen und einfach immer wieder in die Wäsche stecken. Du kannst sie kaufen oder aus Stoffresten fix selbst nähen. Dabei solltest du darauf achten, dass der Stoff bei Bedarf auch bei 60 Grad waschbar ist.

So geht's: Male dir auf Papier eine runde Vorlage auf, vielleicht, indem du um ein breites Glas oder eine kleine Müslischüssel herumzeichnest. Schneide sie aus, benutze Stecknadeln, um sie festzupinnen, und male dann mit Schneiderkreide Kreise direkt auf den Stoff. Lege immer zwei Pads übereinander, und stecke sie mit zwei parallelen Stecknadeln in der Mitte fest. Dann einmal um die Außenkante nähen, am besten im Zickzackstich. Voilà, fertig sind deine handgemachten Abschminkpads! Ach ja, zum Abschminken brauchst du übrigens kein besonderes Produkt: Etwas Kokos- oder Avocadoöl funktionieren genauso gut und pflegen die Haut wunderbar weich.

WASSER SPAREN

»Stop the Water while using me« heißt eine bekannte Naturkosmetikmarke aus Hamburg. Recht hat die Inhaberin Kaya Line-Knust. Immerhin ist Wasser die wertvollste Ressource auf der Welt. Wusstest du, dass die Erde zwar zu 71 Prozent mit Wasser bedeckt ist, davon aber gerade einmal 3,5 Prozent davon trinkbares Süßwasser sind? Deshalb ist es so wichtig, dass wir es sparsam verwenden. Damit es sauber bleibt.

Tag für Tag spült jeder von uns etwa 123 Liter Trinkwasser die Kanäle hinunter – immerhin: In den 90er-Jahren waren es noch 150 Liter. Allerdings fließt ein Drittel davon allein das Klo hinunter! Hängt da noch ein Toilettenstein oder ein Behälter mit Gel, wird das Wasser versetzt mit Tensiden, Sulfaten sowie synthetischen Duft- und Farbstoffen. Besonders schlimm für die Umwelt sind Moschusverbindungen, die laut Öko-Test ein Drittel der Produkte enthalten. Mal unter uns: Wer seine Toilette regelmäßig putzt, braucht keinen Klostein. Deren Reinigungswirkung ist ohnehin gering. Hauptsächlich übertünchen sie den Geruch von Schmutz, der sich dort ansammelt. Umweltverbände raten deshalb zum Verzicht auf Klosteine und zum schlichten Einsatz der Klobürste – wenn's sein muss mit etwas Scheuermilch oder Essig.

BÖSEWICHT TROPFENDER WASSERHAHN

ER IST NICHT EINFACH NUR NERVIG. LÄSST DU DEINEN HAHN EIN JAHR LANG SUBTIL VOR SICH HIN TRÖPFELN, VERSCHWENDET DAS SAGE UND SCHREIBE BIS ZU 800 LITER TRINKWASSER, DIE DU DANN ÜBRIGENS AUCH BEZAHLEN MUSST. FIX REPARIEREN LASSEN ODER GLEICH GEGEN EIN WASSERSPARENDES MODELL MIT INTEGRIERTEM DURCHFLUSSBEGRENZER AUSTAUSCHEN. SO EINE SPARARMATUR KOMMT MIT FÜNF BIS SECHS LITERN PRO MINUTE AUS, ETWA DIE HÄLFTE DES VERBRAUCHS REGULÄRER MODELLE. WEIL SIE DEM WASSER LUFT BEIMISCHEN, FÜHLT SICH DER STRAHL ANGENEHM WEICH AN, FLIEßT GLEICHMÄßIGER UND SPRITZT WENIGER.

Ein Sparspülkasten reduziert zudem die Wassermenge pro Spülvorgang von neun auf sechs Liter. Drückst du dabei noch die Spartaste, bist du mit drei Litern dabei. Für ein bisschen Pipi völlig ausreichend, und du hast einfach mal zwei Drittel Wasser gespart, ohne dich anzustrengen.
Na gut, erst einmal will der neue Spülkasten gekauft und montiert werden. Dafür kannst du ungefähr 150 Euro rechnen. Die hast du aber bei einem Vierpersonenhaushalt schon nach einem Jahr wieder raus, und dann sparst du nur noch Bares. Du kannst auch einfach eine Stoppvorrichtung in deinen normalen Spülkasten einbauen. Kostet fünf bis zehn Euro und senkt den Wasserverbrauch um die Hälfte.

Mindestens genauso wichtig: Wasser bei der Körperpflege sparen. Also genauer gesagt beim Zähneputzen: Hahn zudrehen. Zum Ausspülen einen Zahnputzbecher benutzen. Beim Rasieren der Achselhöhlen: Hahn zudrehen. Während du deine Hände einseifst: Hahn zudrehen. Duschen spart gegenüber Baden nur Wasser, wenn du eine überschaubare Zeit darunter verbringst.

Zum Vergleich: Je nachdem, wie voll du deine Wanne laufen lässt, stecken dort 150 bis 180 Liter Wasser drin. Die verbrauchst du aber auch, wenn du mit einem Standardduschkopf rund zehn Minuten duschst. Da fließen nämlich bis zu 18 Liter pro Minute durch. Moderne Sparduschköpfe senken allerdings den Wasserverbrauch deutlich: Mit einer Sparbrause kannst du deinen Verbrauch auf sechs Liter die Minute reduzieren. Das macht bei einer Zehnminutendusche immerhin 60 statt 180 Liter. Das rechnet sich mit etwa 30 Euro pro Jahr, die du mehr in der Tasche hast. Machst du beim Einseifen der Haare oder beim Verteilen des Rasiergels auch noch das Wasser aus, sparst du weitere zwei Minuten. Dann hast du nur noch rund 48 Liter verbraucht. Beinahe drei Viertel gespart!

BADERAUM OHNE PLASTIK

Wir verbringen so viel Zeit im Badezimmer, da dürfen wir es auch wie unsere persönliche Wellnessoase einrichten. Ersetzen wir dabei Plastik durch Holz und andere Naturmaterialien, sorgt das gleich für eine Wohlfühlatmosphäre – fast wie im Spa. So sehen Zahnputzbecher, Seifenschalen und Aufbewahrungsdosen aus Akazienholz beispielsweise sehr hübsch aus und sind von Natur aus nässe- und pilzresistent. Überlege auch, wie viele Bürsten und Kämme du wirklich brauchst. Holzbürsten mit Naturborsten schonen die Haarstruktur, sodass du weniger Spliss bekommst. Zudem reduzieren sie die statische Aufladung – du kennst das »fliegende Haare-Phänomen«?

Aus Treibholz und echten Muschelschalen kannst du dir eine wunderschöne Deko fürs Bad zaubern. Wenn du Korken sammelst, lässt sich daraus sogar eine hübsche Fußmatte basteln. Alte Konservendosen werden mit Naturgarn umwickelt zu wunderschönen Behältern für Schminkutensilien.

Wenn du die Möglichkeit hast, entscheide dich lieber für eine Dusche mit Türen als mit einem Vorhang. Letzterer schimmelt schnell, sodass er öfter ausgetauscht werden muss – noch mehr Plastik. Schlimmstenfalls setzt der Duschvorhang auch noch haufenweise gesundheits- und umweltschädigende Weichmacher frei.

IDEEN ZUM UPCYCLING

»SCHMEIß DAS NICHT WEG, DAS KÖNNEN WIR NOCH GEBRAUCHEN« – WIE OFT HATTE MUTTI MIT DIESEM SATZ WOHL RECHT? TOLLE DIY-IDEEN FÜRS BAD GIBT ES BEISPIELSWEISE ONLINE AUF HAND-IM-GLUECK.DE ODER MAKERIST.DE. AUCH PINTEREST IST IMMER WIEDER EIN FUNDUS AN FANTASTISCHEN IDEEN.

Wenn der Duschvorhang schon beim Auspacken bis zum Himmel stinkt, ist die Wahrscheinlichkeit hoch, dass er aus PVC ist. PVC ist mit Weichmachern und anderen schädlichen Substanzen hoch belastet, du solltest ihn also nicht nur im Regal lassen, weil er weiterer Plastikmüll ist. Textile Duschvorhänge schnitten bei einer Untersuchung von Öko-Test überwiegend gut ab. Sie bestehen aus wasserabweisend imprägnierter Baumwolle oder aus einem Polyester-Baumwoll-Gemisch. Es gibt sogar Modelle aus recycelten Colaflaschen (z. B. von Eco Hi Tec). Allerdings sollten textile Duschvorhänge einmal im Monat im Feinwaschgang gewaschen werden, um Schimmel und Stockflecken zu vermeiden. Feucht aufhängen und ganz auseinanderziehen, damit sie gut trocknen können. Achte zusätzlich darauf, dass sie im unteren Saum kein Bleiband zum Beschweren haben.

REINIGUNGSMITTEL FÜRS BAD

Am besten wirkst du Schimmelbildung entgegen, wenn du mehrfach am Tag stoßlüftest. Hat sich doch einmal etwas gebildet, kannst du mit weißem Essig dagegen angehen. Einfach auf die Stellen geben und einige Minuten einwirken lassen. Falls die Fugen zwischen den Fliesen leicht grau geworden sind, bekommst du sie mit etwas Backpulver und einer alten Zahnbürste wieder blitzblank sauber. Und Urinstein hat gegen Zitronensäure sowieso keine Chance (→ Seite 80).

DAS BESTE PAPIER FÜRS STILLE ÖRTCHEN

Was schätzt du, wie viel Toilettenpapier wir pro Person verbrauchen? Es sind 57 Blatt jeden Tag. Das macht pro Toilettengang im Schnitt 8,6 Blatt. Diejenigen von uns, die sich jedes Mal gleich einen Handschuh daraus wickeln, treiben den Schnitt natürlich nach oben. Im Jahr sind es dann jedenfalls 20.000 Blätter. Legt man die nebeneinander, bekommt man einen Kilometer – oder etwa 18 Kilo – Klopapier. Macht für alle Einwohner Deutschlands 1,5 Milliarden Kilo Klopapier.

Das Traurige daran: Die Papierfasern dafür stammen oft aus südamerikanischen Plantagen, für die erst einmal der Regenwald abgeholzt wurde. Jahrtausendealter Urwald mit all seiner Artenvielfalt wird unwiederbringlich zerstört, damit wir uns mit reichlich Frischpapier den Popo putzen können, strahlend weiß, am besten dreilagig.

Für Recyclingpapier wird dagegen nichts abgeholzt. Noch dazu spart seine Herstellung gegenüber Frischfaserpapier 60 Prozent Energie. Das resultiert in weniger CO_2, weniger Abfällen und einem bis zu 70 Prozent reduzierten Wasserverbrauch. Weil weniger Chemie für die Herstellung des Recyclingpapiers benötigt wird, werden die Abwässer zehnmal mehr entlastet. Achte also beim Kauf von Klopapier auf den Blauen Engel. Entgegen moderner Mythen ist recyceltes Toilettenpapier qualitativ kaum noch von der Frischfaservariante zu unterscheiden. Und es enthält außerdem keine Farbe von Zeitungsresten! Die werden nämlich im Recyclingprozess herausgelöst und vollständig abgesaugt. Der Einsatz von problematischen Farben, chlorhaltigen Bleichmitteln und anderen schädlichen Chemikalien ist verboten. Im Herstellungsverfahren wird der Papierbrei so hoch erhitzt, dass kein Krankheitserreger jemals überleben könnte. Es spricht also rein gar nichts gegen die Verwendung von recyceltem Toilettenpapier. Aber ganz viel dafür.

FEUCHTTÜCHER MACHEN STRÄNDE SCHMUTZIG

So praktisch sie auch wirken – eigentlich kann man nur sagen: Finger weg! Öko-Test bewertet keine einzige Marke als empfehlenswert. Denn die feuchten Tücher sind getränkt in Konservierungsstoffen, damit es in der Packung nicht vor Bakterien wimmelt. Einige Produkte sind noch parfümiert

CHALLENGE: NACHHALTIGE GESCHÄFTE

LEVEL 1 **Kaufe ausschließlich Toilettenpapier aus Recyclingfasern.**

LEVEL 2 **Verzichte, aufbauend zu Level 1, auf Feuchttücher aller Art.**

und können so die Schleimhäute in dieser empfindlichen Zone extrem reizen. In einigen Fällen fand Öko-Test sogar Formaldehyd im Feuchttuch. Falls sich jemand in deiner Familie fragt, woher seine Rötung im Intimbereich kommt – das könnte des Rätsels Lösung sein. Vergiss Aussagen wie »sensitiv« auf der Packung, laut Öko-Test haben sie keine Aussagekraft. »Griff ins Klo« titelte deshalb das Verbrauchermagazin in seinem Bericht passend.

Neben gesundheitlichen Problemen richten Feuchttücher aber auch großen ökologischen Schaden an. Es besteht nämlich eben nicht aus Papier, sondern aus einer Art Vlies. Das besteht aus winzigen Mikrofasern aus Polyviskose, die wie Mikadostäbchen geschichtet sind, kreuz und quer. Das löst sich – anders als reguläres Toilettenpapier – im Wasser nicht auf. Deshalb verstopft der Toilettenabfluss so schnell. Laut Bundesregierung sind die so entstehenden Schäden im deutschen Abwassersystem nicht bezifferbar. Andere gehen von jährlichen Schäden in Milliardenhöhe aus. Denn eigentlich sollten Feuchttücher, wenn überhaupt, in den Restmüll geworfen werden. Sonst landen sie, wie so manch anderer Plastikmüll, irgendwann am Strand. Bitte denkt daran: Feuchttücher sind nicht biologisch abbaubar!

Wer das Gefühl hat, trockenes Toilettenpapier reiche für ein sauberes Ergebnis nicht aus, sollte sich in erster Linie mit Wasser waschen. Alternativ kannst du zudem auf nachhaltigen Reinigungsschaum (z. B. von »visett«) zurückgreifen. Der enthält keine problematischen Stoffe und pflegt zusätzlich noch die Haut. Falls du regelmäßig unter Schmierstühlen leidest, sprich mit deinem Arzt darüber. Häufig liegt so etwas an einer gestörten Darmflora.

UMWELTFREUNDLICH WÄSCHE WASCHEN

Jedes Mal, wenn wir unsere Waschmaschine beladen, können wir der Umwelt etwas Gutes tun. Auch wenn es zunächst ungewohnt anmutet: Wenn wir uns kurz mit Waschmitteln, Wasserhärten und Waschtemperaturen beschäftigen, spart uns das persönlich Geld – und der Umwelt CO_2 und Chemie. Rund acht Kilogramm Waschmittel verbrauchen wir in Deutschland pro Mensch und Jahr. Das macht insgesamt 630.000 Tonnen. Hinzu kommen 220.000 Tonnen Weichspüler und andere Wäschepflegemittel. Eine ganze Menge, die da in die Abwässer gespült werden und teilweise in der Natur landen.

Hier die Tipps des Umweltbundesamts zum nachhaltigen Wäschewaschen:

♥ Die Waschmaschine immer voll beladen. Eine Faustbreit sollte aber noch Platz sein, damit sich das Waschwasser überall gut verteilen kann.

♥ Das Waschmittel gemäß dem Verschmutzungsgrad dosieren. Dazu gibt es auf den Packungen hinten eine Anleitung. Meist reicht die Dosierung für »leicht« oder »normal« verschmutzte Wäsche. Wer mehr hineinkippt, bekommt kein besseres Ergebnis, sondern zahlt nur drauf – und die Umwelt gleich mit ihm.

♥ Kompaktes, ergiebiges Pulver verwenden. Das wird geringer dosiert, es gerät also weniger davon in die Umwelt. Außerdem wird dafür weniger Verpackungsmüll verbraucht. Kompaktwaschpulver wirken nur auf den ersten Blick teurer, schließlich brauchst du ja in der Anwendung weniger davon. Ein Blick hinten auf die Verpackung verrät, wie viele Ladungen du damit waschen kannst.

♥ Die Dosierung der Wasserhärte anpassen, auch dazu steht die Anleitung auf der Verpackung. Wenn du die Wasserhärte nicht kennst, kannst du ganz einfach bei deinem Wasserversorgungsunternehmen anrufen und nachfragen. Je weicher das Wasser, desto weniger Waschmittel brauchst du.

- Verwende lieber kompakte Pulver als Flüssigwaschmittel. Letztere enthalten mehr Tenside und belasten die Gewässer deshalb mehr. Außerdem ist bei ihrem Transport mehr Energie nötig, weil man unnötigerweise ihr Wassergewicht von A nach B karrt und so zusätzlich Sprit verbraucht. Pulver bekommt man außerdem in Pappkartons, während die Flüssigwaschmittel in Plastikflaschen verkauft werden. Waschmitteltabs liegen mit ihrer Ökobilanz etwa in der Mitte von Pulver und Flüssigwaschmittel. Sie sind zwar kompakt, haben aber meist eine Plastikverpackung, und bisher ist mir noch keine Nachfüllpackung mit Tabs bekannt.

- Wähle das richtige Waschprogramm. Meist reicht »pflegeleicht«, das läuft kürzer als »Mischwäsche«. Im Sparprogramm braucht die Waschmaschine meist nur halb so lange oder noch weniger. Das alles spart pure Energie! Wer's ernst meint, schnappt sich die Bedienungsanleitung seiner Waschmaschine und schaut noch mal genau nach, was wofür gedacht ist. Die Belohnung gibt's garantiert: Wenn du Energie sparst, macht sich das in deiner Haushaltskasse ebenfalls bemerkbar.

- Die Vorwäsche braucht bei den heutigen Waschmitteln kein Mensch mehr.

- Wenn niemand in deinem Haushalt krank ist, kannst du in der Regel mit niedriger Temperatur waschen. Bei leicht bis normal verschmutzter Buntwäsche reichen 30 Grad, bei Weißwäsche meist 40 Grad. Die Energieersparnis ist enorm: Schaltest du beispielsweise bei der Buntwäsche einen Gang runter, als von 40 auf 30 Grad, verbraucht das zwischen 35 bis 40 Prozent weniger Energie. Kochwäsche brauchst du im eigenen Haushalt eigentlich nur, wenn jemand bei euch gerade eine ansteckende Krankheit, Fußpilz, Grippe oder Ähnliches hat. Einmal im Monat solltest du dann aber doch die Maschine bei 60 Grad und mit einem Vollwaschmittel durchlaufen lassen, um dort sprießenden Keimen und vor allem auch Pilzen den Garaus zu machen.

♥ Lasse den Weichspüler weg, oder nimm nur so wenig wie möglich. Für einen Großteil der dort enthaltenen Inhaltsstoffe gibt es keine gesetzlichen Vorgaben bezüglich ihrer biologischen Abbaubarkeit – also unnötige Chemie, die unsere Umwelt zusätzlich belastet. Die meisten von uns nutzen Weichspüler vor allem wegen des Dufts. Den bekommst du auch, indem du zum Beispiel ein Säckchen mit Orangenschalen (gut verschlossen) mitwäschst.

♥ Überlege auch, ob du ein bestimmtes Kleidungsstück wirklich schon wieder waschen musst oder ob nicht ein Auslüften reicht. Tipp: Über Nacht draußen auf einem Bügel aufgehängt, riecht fast alles am nächsten Tag wieder frisch.

WANN WIRD'S ZEIT FÜR EINE NEUE WASCHMASCHINE?

Im Schnitt halten Waschmaschinen 1840 Waschgänge. Das kommt je nach Waschverhalten auf neun bis 15 Jahre. So lange kannst du sie auch nutzen, vorher lohnt ein Austausch kaum. Wer es aber ganz genau wissen will, kann mit dem »Wasch-Rechner« (forum-waschen.de) ausrechnen, wie viel Mehrkosten sein altes gegenüber einem neuen Gerät verursacht. Die Kosten geben auch Hinweis darauf, wie viel Strom du damit sparen kannst.

Achte beim Neukauf einer Waschmaschine auf eine Top-Schleuderwirkungsklasse. Diese wird von A bis G angegeben. Je schlechter deine Waschmaschine schleudert, desto feuchter bleibt die Wäsche – und umso mehr Kosten verursacht dann im Anschluss dein Trockner.

CHALLENGE: NACHHALTIG WÄSCHE WASCHEN

LEVEL 1 Rufe bei deinem Wasserversorger an, und dosiere dein kompaktes Waschpulver entsprechend der Wasserhärte. Mache dich mit deiner Waschmaschine vertraut, und nutze das sparsamste Programm und die niedrigste Temperatur, die für deinen Bedarf angemessen sind.

LEVEL 2 Prüfe deine Wäsche, aufbauend zu Level 1, vor dem Waschen auf Flecken, und behandle sie mit Gallseife vor. Dann kannst du dir meist eine höhere Temperatur im Waschgang sparen. Versuche außerdem, deine Waschgänge pro Woche zu reduzieren, indem du beispielsweise deine nur leicht verschwitzte Bürokleidung über Nacht zum Lüften aufhängst.

WASCHMITTEL IN REIHENFOLGE IHRER UMWELTVERTRÄGLICHKEIT

GEMESSEN UNTER ANDEREM AN CHEMIEMENGE, GIFTIGKEIT UND BIOLOGISCHER ABBAUBARKEIT STUFT DAS UMWELTBUNDESAMT WASCHMITTEL FOLGENDERMAßEN EIN:

GERINGSTES ÜBEL: KOMPAKTE PULVERFÖRMIGE COLORWASCHMITTEL

EINIGERMAßEN VERTRETBARES ÜBEL: KOMPAKTE PULVERFÖRMIGE VOLLWASCHMITTEL

NICHT SO DOLL: NORMALE PULVERFÖRMIGE VOLLWASCHMITTEL

GEHT GAR NICHT: FLÜSSIGE VOLLWASCHMITTEL

COLOR- ODER VOLLWASCHMITTEL?

DER WESENTLICHE UNTERSCHIED ZWISCHEN COLOR- UND VOLLWASCHMITTELN IST, DASS LETZTERE ZUSÄTZLICHE BLEICHMITTEL ENTHALTEN, UM WEIßE WÄSCHE LUPENREIN STRAHLEN ZU LASSEN. DAS WÄSCHT ALLERDINGS DIE FARBEN UNSERER KLEIDUNG SCHNELL HERAUS UND BELASTET DIE UMWELT ZUSÄTZLICH. AUCH BEI WEIßER WÄSCHE REICHT NORMALERWEISE DIE ANWENDUNG VON VOLLWASCHMITTEL BEI JEDER VIERTEN BIS FÜNFTEN WÄSCHE.

DIY: WASCHMITTEL SELBST MACHEN

Wer gern selbst aktiv wird und die Umwelt noch mehr schonen möchte, kann sich sein Flüssigwaschmittel auch selbst herstellen. Weil es ja nicht durch die halbe Welt transportiert wird und nur gute Zutaten drin sind, hatte im Gegensatz zur gekauften Variante eine hervorragende Ökobilanz. Probiere es einmal mit folgendem Rezept:

SODA-WASCHMITTEL

Du brauchst:

- 40 g Seife – palmölfrei
- 3 Liter heißes Wasser
- 3 EL Waschsoda (1 EL = 10 g), z. B. aus der Drogerie oder dem Fachhandel
- 3 EL Zitronensäure, z. B. aus der Drogerie oder dem Supermarkt
- 5 Tropfen ätherisches Öl, z. B. Jasmin, Lavendel oder Grapefruit.

Du brauchst außerdem:

Einen großen Topf, eine Küchenreibe und zwei 1,5-Liter-Gefäße zum Abfüllen (z. B. alte Flüssigwaschmittelbehälter)

So geht's:

Die Seife mit einer Raspel fein hobeln, mit 2 Liter heißem Wasser übergießen und so lange rühren, bis sich die Masse aufgelöst hat. Soda hinzufügen und noch mal gut rühren. Etwa eine Stunde lang abkühlen lassen, bis eine gelartige Konsistenz entsteht. Den dritten Liter Wasser, die Zitronensäure und das ätherische Öl dazugeben und erneut gut umrühren. Die Menge in die alten Behälter à 1,5 Liter abfüllen. Reicht für etwa 30 Waschgänge. Vor jeder Anwendung einmal gut durchschütteln. Je nach Wasserhärte und Verschmutzung der Wäsche gibst du zwischen 100 und 300 Milliliter ins Waschmittelfach. Das Waschmittel funktioniert gut, durch das Soda werden auch Fettflecken zuverlässig entfernt. Für fast alle Textilarten geeignet, außer für Feinwäsche, Wolle und Seide, weil das Soda diese Fasern zu sehr aufquellen lassen würde.

MIT SODA WASCHPULVER SPAREN

Wohnst du in einer Gegend mit »hartem«, also besonders kalkhaltigem Wasser? Dann empfehlen die Waschmittelhersteller auf der Anleitung der Verpackung immer, die Dosis des Waschmittels etwas zu erhöhen. Mit Soda kannst du dir und der Umwelt das ersparen. Es bindet sich nämlich an die Kalziumionen, die im harten Wasser en masse herumschwimmen und sich sonst gern auf die Textilfasern setzen. Diese bleiben also frei und können vom Waschmittel ganz regulär gereinigt werden.

SEIFENLAUGE AUS KASTANIEN

Die hübschen braunen Kugeln eignen sich nicht nur zum Basteln, sie bestehen bis zu 15 Prozent aus Saponinen (lat. »sapo« = Seife). Das sind sogenannte sekundäre Pflanzenstoffe, die beim Schütteln aufschäumen und Fett lösen. Anders gesagt handelt es sich bei den Saponinen um Tenside, so, wie sie auch in handelsüblichen Waschmitteln vorkommen. Man kann also aus eingeweichten Kastanien eine ganz natürliche Seifenlauge herstellen. Die etwas bekannteren, ebenfalls rotbraunen Waschnüsse aus Indien, die es im Bio-Laden gibt, funktionieren nach demselben Prinzip. Weil sie aber bis zu uns eine Reise um den halben Globus antreten, hebt sich ihr Nachhaltigkeitsfaktor wieder auf. Und das bei einem stolzen Preis von bis zu 25 Euro das Kilo. Kastanien haben demgegenüber entscheidende Vorteile: Sie sind regional – und selbst gesammelt sogar kostenlos!

WASCHNÜSSE LIEBER IN INDIEN LASSEN

DIE FRÜCHTE DES RITHA-BAUMS WERDEN IN INDIEN TRADITIONELL ZUM WASCHEN VON HAAREN UND KLEIDUNG VERWENDET. ALLERDINGS HAT DIE GESTEIGERTE NACHFRAGE AUS DEN INDUSTRIELÄNDERN DEN PREIS DORT ZWISCHEN 2003 UND 2008 UM DAS SECHSFACHE NACH OBEN GETRIEBEN, BERICHTEN DIE ZEITUNGEN TAZ UND DIE SÜDDEUTSCHE. DAS HEIßT, ARME MENSCHEN DORT KÖNNEN SICH DIE NÜSSE KAUM LEISTEN. ALSO GREIFEN SIE VERMEHRT ZU BILLIGER CHEMIE. DA HAT SICH DIE KATZE SOZUSAGEN IN DEN SCHWANZ GEBISSEN. NOCH EIN GRUND, LIEBER REGIONAL ZU HANDELN.

Wenn du also das nächste Mal im Herbst spazieren gehst, sammle ein paar Kastanien ein. Für eine Waschladung brauchst du etwa fünf Stück. Du kannst dir im Prinzip also gleich einen Jahresvorrat anlegen, allerdings würde ich auch genug für die Eichhörnchen und Co. übrig lassen.

KASTANIEN-WASCHMITTEL

Du brauchst:

♥ 5 Kastanien ♥ Nussknacker ♥ Geschirrtuch ♥ Hammer ♥ Schraubglas ♥ 250 ml Wasser ♥ Duftöl

So geht's:

Mit einem Nussknacker kannst du die Schalen gut öffnen. Das Fruchtfleisch in ein Geschirrtuch packen und mit einem Hammer zerschlagen. Dabei darfst du nicht zimperlich sein – vielleicht magst du gleich mal den ganzen Stress des Tages dabei rauslassen. Das hat dann zudem einen heilsamen, erleichternden Effekt, vorausgesetzt, du hast tolerante Nachbarn. Nach diesem Spaß kannst du die Kastanien in einen Mixer geben oder per Hand einfach klein hacken. Wichtig ist, dass die Schale vollständig entfernt wird, die kann sonst nämlich dunkel färben!

Brühe im nächsten Schritt einen Kastanientee auf, indem du die zerkleinerten Kastanien in ein Schraubglas gibst und mit dem kochenden Wasser übergießt. Innerhalb von zwei Stunden bildet sich eine Lauge. Ich lasse sie aber gern über Nacht ziehen, dann ist sie auf jeden Fall optimal. Dazu gebe ich am nächsten Morgen ein paar Tropfen ätherisches Öl, denn die Kastanienlauge riecht an und für sich neutral. Welchen Duft du nimmst, entscheidest du frei Schnauze. Orangenöl mag mein Freund Jan auch, das riecht so schön frisch und unisex. Der abgekühlte »Kastanientee« wird dann verwendet wie ganz normales Flüssigwaschmittel. Also durch ein Sieb abseihen und direkt ins Waschmittelfach geben. Falls du gleich ein bisschen mehr hergestellt hast: Dein selbst gemachtes Kastanienwaschmittel kannst du verschlossen im Kühlschrank bis zu einer Woche aufbewahren. Es eignet sich für leicht bis normal verschmutzte Wäsche, also solche, die im Wesentlichen nur ein bisschen verschwitzt ist. In der Regel ist kein Weichspüler nötig, wenn du mit Kastanienlauge wäschst.

SAUBER MIT EFEU

Auch das dunkelgrüne Waldgewächs enthält Saponine, allerdings nur rund ein Drittel so viel wie Rosskastanien oder Waschnüsse. Dafür ist es ganzjährig verfügbar. Die älteren, dunkleren Blätter enthalten mehr waschaktive Substanzen als die jungen, hellen Blätter.

Tipp: Sammle sie nicht direkt an der Straße, sonst klebt der ganze Ruß und sonstiger Abgasdreck daran.

EFEU-WASCHMITTEL

Du brauchst:

- 1 Handvoll Efeublätter
- Wäschenetz
- Evtl. etwas Sodalösung

So geht's:

Die einfachste Variante ist es, die Efeublätter (etwa 10 Stück) in ein Wäschenetz zu füllen und einfach in die Trommel zu geben.
Wer hartes Wasser hat, gibt am besten etwas Sodalösung dazu.
Das verhindert auch, dass weiße Wäsche durch das Efeu einen Grauschleier bekommt.
Bei dunkler Wäsche erhält Efeu aber sogar die Farbbrillanz – Efeu lässt sich auch mit den Kastanien kombinieren. Nach dem Waschen kommen die Efeublätter einfach in den Bio-Müll.
Kleiner Disclaimer: Für Mütter mit Fußballjungs und -mädchen eher weniger geeignet, Efeu wäscht leider nur leichte Verschmutzungen zuverlässig raus.

UMWELTFREUNDLICH WÄSCHE TROCKNEN

Auch wenn es so herrlich bequem ist, eines solltest du wissen: Ein Wäschetrockner zieht drei- bis viermal mehr Strom als deine Waschmaschine. Damit gehören Trockner zu den größten Energiefressern im Haushalt. Besonders wenn du schon einen etwas älteren Wäschetrockner hast, zahlst du wahrscheinlich mächtig drauf – und mit dir die Umwelt. Bis zu 150 Euro Strom zieht dir dein betagter Trockner pro Jahr möglicherweise aus der Tasche. Moderne Geräte mit integrierter Wärmepumpe sind effizienter, teilweise verursachen sie nur laufende Kosten von rund 46 Euro pro Jahr. Gegen die Umweltbilanz einer Wäscheleine kommen aber auch sie nicht an.

TIPPS ZUM SCHNELLEREN TROCKNEN

♥ Schleudern: Mit 1200 bis 1400 Umdrehungen geschleuderte Wäsche hat deutlich weniger Restfeuchte. Das verkürzt die Trockenzeit – und du sparst beim Trocknen bis zu 40 Prozent Strom.

♥ Richtig einstellen: Wenn du deine Wäsche bügelst, reicht die Einstellung »bügeltrocken« wirklich. Alles darüber strapaziert die Textilien nur unnötig.

♥ Sortieren: Wenn du Polyester zusammen mit Baumwolle in den Trockner gibst, dauert es ewig, bis die Wäsche trocken ist – und ein wirklich befriedigendes Ergebnis kommt dabei auch nicht heraus. Kunstfasern trocknen ohnehin in Nullkommanix, vielleicht magst du sie also einfach lufttrocknen lassen, während sich dein Trockner um die Baumwolle kümmert. Denke aber daran: Nur ein voll beladener Trockner arbeitet effizient. Vielleicht wartest du also noch, bis die zweite Waschladung deiner Waschmaschine durch ist, und packst die Wäsche noch gleich dazu – also wie beim guten alten Waschtag.

♥ Wartung: Mach das Flusensieb sauber. Immer, nach jedem Durchgang. Je mehr Flusen drinhängen, desto länger braucht dein Trockner und desto mehr Strom zieht er. Gleiches gilt für den Pumpenfilter bei Wärmepumpengeräten. Kondensatbehälter von Kondensationstrocknern stets ausleeren.

♥ Nütze im Sommer die Wäscheleine: Sonne und Wind arbeiten gratis und hundertprozentig umweltfreundlich. Und weil sie das tun, reicht es im Sommer, wenn du deine Wäsche bei 400 Umdrehungen schleudern lässt und dann einfach aufhängst. Wenn du im Winter drinnen trocknest, ist ein Schleudern bei 1200 Umdrehungen besser. Stellst du einen 25-Watt-Ventilator daneben, der immer wieder Luft zwischen die Wäsche pustet, reduziert das die Trockenzeit auf einen Tag, die dabei anfallenden Stromkosten liegen laut energieportal-westerwald.de bei etwa 13 Cent. Achte immer darauf, die entsprechenden Räume gut durchzulüften, um Feuchtigkeitsschäden zu vermeiden.

Wenn du einen neuen Wäschetrockner kaufst, achte unbedingt darauf, dass es ein Stromsparer ist (Effizienzklasse A). Damit landest du automatisch bei den Wärmepumpengeräten, alles andere ist eher Effizienzklasse C. Wärmepumpengeräte gewinnen Wärme aus der feuchten Luft zurück und verwenden sie erneut zum Aufheizen. Das spart locker 50 Prozent Strom, auch gegenüber anderen neuen Geräten. Auf dem EU-Energielabel, wo die Effizienzklasse steht, findest du den genauen Energieverbrauch pro Trockengang. Wärmepumpentrockner sind in der Anschaffung erst einmal ein paar Hundert Euro teurer – wobei es immer wieder gute Angebote gibt, wenn du im Internet die Preise vergleichst. Bezahlst du für einen Wärmepumpentrockner beim Kauf 300 Euro mehr, amortisiert sich das innerhalb von etwa zehn Jahren, wenn das Gerät im Schnitt zweimal die Woche läuft. Familien mit Kindern haben wohl deutlich schneller etwas davon. Die Initiative »EcoTopTen« (ecotopten.de) informiert immer aktuell über die effizientesten Geräte auf dem Markt.

ENTSPANNT IM SCHLAFZIMMER

MEIN KLEIDERSCHRANK

Als Sportlerin stehe ich vor einem Dilemma. Eigentlich würde ich gern weniger Synthetik- und mehr Naturfasern tragen. Denn Kunststoffgewebe wie Polyester, Mikrofaser, Elasthan oder Nylon sind nicht erst bei ihrer Entsorgung problematisch. Sie verlieren schon vorher bei jeder Wäsche winzige Faserteilchen. Auch das ist Mikroplastik, das die Kläranlagen nicht sauber aus dem Abwasser filtern können und das deshalb in unseren Gewässern landet. Das betrifft Leggins, Fleecejacken und auch die meisten Sport-BHs. Laut einer Studie der Weltnaturschutzunion sind etwa 35 Prozent allen Mikroplastiks, das im Meer herumschwimmt, auf unsere Kleidung zurückzuführen. Weil die Leute in Europa und Zentralasien scheinbar überdurchschnittlich viele Kunstfasern tragen (und vermutlich viele Klamotten kaufen), liegen wir über dem globalen Mittelwert. Pro Jahr verursacht jeder Einzelne von uns eine Belastung der Meere, als würden wir 54 Plastiktüten dort hineinwerfen!

Etwa 60 Prozent aller Textilien bestehen heutzutage aus Polyester, einer Faser, die aus Erdöl gemacht wird. Dabei fransen nicht alle gleich stark aus. Fleecejacken sind besonders schwierig: Bis zu 1900 Fasern verlieren sie pro Waschgang, eine Bluse aus Polyester nur halb so viele. Der größte Bösewicht ist aber Acryl. Füllst du deine Waschmaschine mit einer Sechskiloladung Wäsche aus Acryl, schwimmen danach 700.000 Fasern im Wasser.

Ganz auf Synthetikfasern zu verzichten erscheint mir dennoch unrealistisch – man findet kaum Kleidung ohne sie, vor allem nicht für den Sport. Reine Baumwolle ist leider weder so atmungsaktiv noch so dehnbar, schweißabsorbierend oder schnell trocknend wie die Kunstfasern. Also müssen wir uns andere Maßnahmen überlegen. An erster Stelle: seltener waschen. Manchmal werfen wir unsere Klamotten aus purer Gewohnheit nach einmaligem Tragen in die Wäsche. Das ist eben nicht nur Energieverschwendung. Was nicht stark verschwitzt oder offensichtlich verschmutzt ist, riecht meist schon wieder durch Auslüften viel frischer.

Wann immer wir können, also zum Beispiel jenseits der Sportausrüstung, sollten wir dennoch Kleidung aus Naturfasern kaufen. Bio-Baumwolle, Modal und Lyocell aus Holzfasern oder Hanf sind besonders umweltfreundliche Möglichkeiten. Sie verlieren auch bei jeder Wäsche Fasern. Aber die sind biologisch abbaubar und völlig ungiftig. Es gibt auch ganz abgefahrene Ideen: eine Art Seide aus Milch etwa oder Schals aus Bananenschalen. Man darf gespannt sein.

Glücklicherweise haben clevere Erfinder vor Kurzem eine erste Lösung für das Waschen von Synthetik auf den Markt gebracht. Der Spezialwaschbeutel »Guppy Friend« ist der erste seiner Art, der Mikroplastik wirksam herausfiltert. Die abgebrochenen Fasern lagern sich nach dem Waschen in den Ecken und im Saum des Beutels ab. Die können dann einfach herausgenommen und in den Restmüll gegeben werden. Der Beutel schützt außerdem die Wäsche so, dass ohnehin viel weniger abbricht. Deshalb kann es sein, dass du nur nach jedem zweiten bis dritten Waschgang die Fasern zu entfernen brauchst. Durch die Schonung hält deine Kleidung viel länger, du musst weniger neu kaufen. 2016 hat das Start-up-Unternehmen hierfür Gold bei den »Industry Awards« gewonnen.

NACHHALTIGE SPORTKLEIDUNG KAUFEN

Achte beim Textilienkauf auf das Siegel mit dem Standard 100 by Oeko-Tex (früher: Oeko-Tex Standard 100). Das zeigt an, dass die Produkte frei von gefährlichen Schadstoffen sind wie Azo-Farbstoffe, Formaldehyd, Pentachlorphenol oder Cadmium. Weil wir beim Sport schwitzen und sich die Poren öffnen, würden wir die sonst besonders leicht aufnehmen. Außerdem werden die Stoffe auf Farbechtheit geprüft.

Es gibt zudem Anbieter, die sich an wirklich nachhaltiger Sportkleidung versuchen, zum Beispiel die »Trigema Change«-Linie aus Bio-Baumwolle und mit Cradle-to-Cradle-Zertifizierung. Die steht für besonders hohe Qualität und Langlebigkeit sowie Wiederverwertbarkeit. Auch »Grüne Erde« und »A'weiku« bieten Basics für Sport und Yoga aus Bio-Baumwolle an. Recyceltes Polyester löst das Mikrofaser-Problem nicht, schont aber Ressourcen und spart bis zu 76 Prozent Energie und 71 Prozent CO_2. Die Hersteller »Vaude«, »Patagonia«, »Zimtstern« und »Nice to meet me« bieten Outdoor- und Sportkleidung aus recyceltem Kunststoff und Bio-Baumwolle an.

SHOPPING-GEWOHNHEITEN ÜBERDENKEN

Zu glauben, man könnte genauso viele Klamotten kaufen wie sonst, nur eben aus Naturfasern, ist ein Trugschluss. Die schieren Mengen an Kleidung sind mit Naturfasern wie Bio-Baumwolle einfach nicht zu decken.

Dabei kaufen wir viel mehr, als wir eigentlich brauchen. Bei einer Greenpeace-Umfrage 2015 kam heraus, dass 40 Prozent der von uns gekauften Klamotten im Kleiderschrank vor sich hin vegetieren und kaum getragen werden.

KLAMOTTEN OHNE GIFT

Bevor die Kleidung in die Geschäfte der Einkaufsmeilen gelangt, wird sie in der

IMMER AKTUELL ÜBER UMWELTFREUNDLICHE MODELABELS UND TRENDS BERICHTET DER BLOG GRUENEMODE.DE

BIO IST BEI BAUMWOLLE WICHTIG

40 bis 50 Prozent unserer Kleidung besteht immer noch aus Baumwolle. Doch obwohl sie ein pflanzlicher, also nachwachsender Rohstoff ist, hat ihr Anbau seine Tücken. So verbraucht er zum Beispiel sehr viel Wasser: Für ein Kilo Baumwollstoff werden rund 10.000 Liter Wasser benötigt. Und das in Ländern, in denen es ohnehin zu Wasserknappheit kommen kann. Baumwolle wird nämlich hauptsächlich in den armen Ländern Afrikas produziert, in Indien, teilweise aber auch in China und den USA. Noch wichtiger für die Umweltbilanz ist allerdings der Einsatz von Spritzmitteln.

ES GIBT DREI VERSCHIEDENE STUFEN DER UMWELTVERTRÄGLICHKEIT:

1. Gen-Baumwolle (GMO)

Ganz miserabel. Hier werden die meisten und heftigsten Spritzmittel eingesetzt, die einen verheerenden Effekt auf alles andere Leben haben. Zu allem Überfluss verbrauchen diese Pflanzen auch noch mehr Wasser als Pflanzen, die nicht modifiziert wurden. Außerdem müssen die Bauern ihr Saatgut jedes Jahr neu bei den großen Herstellern kaufen, statt wie sonst einfach einen Teil ihrer Ernte dafür zu verwenden. So geraten sie leicht in eine finanzielle Schieflage bis hin zu existenzieller Not.

2. Sustainable Cotton

Diese Baumwolle ist nicht genetisch modifiziert, wird aber konventionell angebaut. Immerhin werden hierbei geringere Mengen an Pestiziden und Düngemitteln eingesetzt.

3. Organic Cotton/Bio-Baumwolle

Keine Gentechnik, keine Chemie.

Leider stammt derzeit nur ein Prozent (!) der Baumwolle weltweit aus Bio-Anbau. Dabei hat dies viele Vorteile. Im Bio-Anbau kommt man deshalb ohne Spritzmittel aus, weil man statt riesiger Monokulturen auf Mischkulturen und somit Artenvielfalt auf dem Acker setzt. Da steht dann beispielsweise neben der Bio-Baumwolle eine Sonnenblume, die Schädlinge noch viel lieber fressen.

Du erkennst Bio-Baumwolle vor allem an den Siegeln GOTS und IVN. Der Global Organic Textile Standard (GOTS) ist als weltweit führender Standard für die Verarbeitung von Textilien aus biologisch erzeugten Naturfasern anerkannt. Auf hohem Niveau definiert er umwelttechnische Anforderungen entlang der gesamten textilen Produktionskette und fordert gleichzeitig die Einhaltung von Sozialkriterien.

Regel noch einmal heftig mit Chemikalien traktiert. Und die wiederum gelangen in die Gewässer. In China erkennt man die Modefarben der Saison an der aktuellen Farbe der Flüsse. Hilfsstoffe, die fürs Färben verwendet werden, wirken im Wasser östrogenartig und verändern die Reproduktionsorgane der Fische. Um die Masse an Chemie weitgehend nach dem Herstellungsprozess zu entfernen, werden chlorierte Lösungsmittel auf die Textilien gekippt. Die greifen die Organe und das zentrale Nervensystem an und schädigen die Ozonschicht, wenn sie verdampfen. Und so geht es immer weiter.

Aber es gibt einen Lichtblick: Die Umweltorganisation Greenpeace hat in den letzten Jahren mit seiner Detox-Kampagne schon viel bewegt. Sie haben etwa 15 Prozent der Kleidungshersteller dazu bewegt, bis 2020 sauber produzieren zu wollen, darunter große Ketten wie H&M, Tchibo und die Sportmarke Adidas. Greenpeace kündigt an, 2020 genau überprüfen zu wollen, ob den vielversprechenden Worten auch Taten gefolgt sind.

GUTE JEANS

BIO-JEANS KOMMEN OHNE PESTIZIDE AUS UND SPAREN 90 PROZENT CO_2 BEI IHRER HERSTELLUNG. DIE LABELS K.O.I. (KINGS OF INDIGO), NUDIE JEANS, ARMED ANGELS, SEY, BLEED UND KUYICHI STELLEN HÜBSCHE, UMWELTFREUNDLICHE MODELLE HER. KUYICHI-JEANS MACHEN DABEI EINEN BESONDERS KNACKIGEN PO, ABER DAS IST NUR MEINE GANZ PERSÖNLICHE MEINUNG. EINFACH MAL AUSPROBIEREN.

TAUSCHEN STATT KAUFEN

Ob privat mit euren Mädels oder als großes organisiertes Event (Greenpeace macht es regelmäßig): Kleidertauschpartys sind top für alle, die sich öfter mal etwas Neues gönnen möchten und gleichzeitig die Ressourcen schonen wollen. Wenn man davon ausgeht, dass du – wie der Durchschnitt in Deutschland – 40 Prozent ungetragene Kleidung im Schrank hast: Was hindert dich daran, sie gegen etwas zu tauschen, das du gleich viel lieber anziehst?

Es lohnt sich aber auch immer wieder, auf Flohmärkten zu stöbern oder bei ebay.de, tauschticket.de, tauschgnom.de oder der

> Richtig gute Secondhandware, teilweise Designerstücke zu schmalen Preisen, findest du zum Beispiel online bei
>
> - kleiderkreisel.de
> - maedchenflohmarkt.de
> - kleiderkorb.de
> - kleiderei.com
> - rebelle.com

relativ neuen Flohmarkt-App Shpock vorbeizuschauen. Wenn du dort selbst deine Klamotten anbietest, sparst du ganz viel und verdienst möglicherweise noch ordentlich dazu.

KLAMOTTENKUR

Um überhaupt erst einmal ein Gespür dafür zu bekommen, was du eigentlich wirklich brauchst, empfiehlt es sich, erst einmal eine sogenannte Klamottenkur zu machen. Die Erfinderin, Lenka Petzold von modeprotest.de, empfiehlt dabei, seine Garderobe für den begrenzten Zeitraum von sieben Wochen auf 50 Teile zusammenzudampfen. Das ist einiges, denn durchschnittlich besitzt jeder von uns etwa 300 Teile! Wenn dir das also zu hart klingt, dann starte doch erst einmal mit 100 Teilen.

Aber was aussortieren? Das ist die falsche Frage. Wichtiger ist viel mehr: Was muss ich unbedingt in meiner Kur-Garderobe behalten? Dazu gehören deine absoluten Lieblingsteile, die du oft trägst, ein paar nützliche Basics und auch ein schickes Outfit, falls du während der Zeit auf eine Feier gehst. Alles andere wird im Koffer verstaut und während der nächsten sieben Wochen wirklich nur angefasst, wenn du ohne gar nicht auskommst. So lernst du deine Bedürfnisse in Sachen Kleidung viel besser kennen.

Alles, was du gar nicht vermisst hast, kannst du auf Tauschbörsen eintauschen oder zur Altkleidersammlung bringen. Wenn du dann mal wieder shoppen gehst, kannst du besser einschätzen, ob du auch wirklich tragen wirst, was da gerade vor deiner Nase hängt. Entwickle zudem deinen eigenen Stil, den du unabhängig von Modewellen verkörpern magst. So hast du viele Jahre etwas von den Teilen, die du dir kaufst.

KLAMOTTEN REPARIEREN

Weißt du noch, wie Oma früher abends Socken stopfend auf dem Sofa saß? Oder Flicken auf Löcher in Knie und Ärmel genäht hat? Reparieren ist in unserer Wegwerfgesellschaft aus der Mode gekommen. Warum sollte ich mir eine halbe Stunde Mühe machen, wenn ich doch für wenige Euro ein neues Teil besorgen kann? Weil du so die Ressourcen für die Produktion schonst, die Energie für die Fahrt in den Laden sparst und weniger Müll produzierst! Außerdem sparst du wirklich viel Geld, wenn du dir einmal einen kleinen Nähkurs gegönnt hast. Du kannst Klamotten nach deinem Geschmack anpassen und so individuelle Teile erschaffen, die sonst keiner hat. Peinliche Pulli-Situationen auf der Arbeit, wo deine Kollegin und du dasselbe tragen? Gehören der Vergangenheit an, sobald du Nadel und Faden in die Hand nimmst.

Ach so – und für Schuhe gibt es immer noch den guten alten Schuster.

KREATIVES UPCYCLING

SIND BESTIMMTE ABGETRAGENE KLAMOTTEN ECHT NICHT MEHR ZU RETTEN, KANNST DU MIT KLEINEN KNIFFEN AUS DEM ALTEN STOFF ETWAS VÖLLIG NEUES ZAUBERN. VIELLEICHT EINE COOLE HANDTASCHE AUS DEINER JEANS ODER EIN SITZKISSEN AUS VERSCHIEDENEN AUSRANGIERTEN T-SHIRTS. DAZU GIBT ES ZAHLREICHE DIY-VIDEOS AUF YOUTUBE, ODER DU SCHAUST MAL AUF BLOGS UND PORTALEN WIE HANDMADEKULTUR.DE ODER MAKERIST.DE VORBEI.

KLEIDUNG SPENDEN

SCHÖNE BIO-STOFFE

Wenn du selbst nähen möchtest, wirst du hier fündig:

- stoffbotin.de
- meterwerk.de
- siebenblau.de
- lebenskleidung.com
- naturstoff.de

Altkleidercontainer gibt es so ziemlich überall. Aber kann man auch darauf vertrauen, dass die Sachen auf diesem Weg wirklich bedürftige Menschen erreichen? Das ist unterschiedlich: Kleidung aus einem Standardsammelcontainer geht in der Regel an gewerbliche Textilverwerter. Sie wird dann in Afrika, Asien oder Europa vermarktet, sofern sie noch zu gebrauchen

EXKURS: UNSER BEWUSSTSEINSPROBLEM – DER FEHLENDE KONTEXT

Schwirrt dir wie mir auch schon der Kopf davon, was man alles falsch machen kann? Warum war uns bisher nicht klar, wie krass die Folgen eines sinnlosen Shopping-Samstags sein können, an dem wir uns einfach nur mal was gönnen wollten? Wie immens die Kosten – nicht nur für unser Portemonnaie, sondern eben für die Umwelt und die arbeitenden Menschen in den herstellenden Ländern sind? Ich glaube, das Problem ist, dass uns der Kontext fehlt. Wir sehen nicht, hören nicht, fühlen, riechen, schmecken nicht, was am anderen Ende der Welt los ist. Wir müssen also allein unseren Kopf anstrengen, um ein Bild davon zu bekommen. Ein bisschen hilft dabei das Internet, das ist eines seiner großen Verdienste, denn es versorgt uns mittlerweile mit beinahe beliebig vielen Videos, Bildern und Texten zu einem jeweiligen Thema. Dennoch entzieht sich die Erfahrung weitgehend unseren Sinnen. Um also den Drang zu haben, etwas ändern zu wollen, brauchen wir zunächst jede Menge Empathie. Wir müssen uns quasi vorstellen, wie es ist, ausgebeutet zu werden bis zur Krankheit, bis zum Umfallen. Kein schöner Gedanke, das schiebt man dann doch lieber schnell wieder von sich weg. Wer fühlt sich denn schon gern mies? Doch es geht um unsere Familie, unsere erweiterte Familie, denn wir Menschen sind alle miteinander verbunden – über sechs Ecken soll schließlich jeder jeden kennen.

Unsere Erde, sie wird zu Recht oft als unsere große Mutter bezeichnet, denn sie versorgt uns mit allem, was wir brauchen. Ohne sie können wir nicht leben. Wir brauchen die intakte Natur mehr, als der Planet uns braucht. Selbst wenn wir Menschen alles ruinieren und mit dem derzeitigen Ökosystem untergehen: Der Planet wird sich irgendwann erholen. Er hat Eiszeiten überstanden, Meteoriteneinschläge. Unsere Erde erholt sich immer, wenn sie nur genug Zeit hat. Die Frage ist, ob der Mensch dabei sein wird.

CHALLENGE: MACH DAS MEISTE AUS DEINEN KLAMOTTEN!

LEVEL 1 **Miste deinen Kleiderschrank gründlich aus, und besuche oder organisiere eine Kleidertauschparty. Alternativ bietest du nicht Benötigtes auf dem Flohmarkt oder einem der Onlinemarktplätze an.**

LEVEL 2 **Repariere deine Klamotten, pimpe sie mit kleinen Details auf, sodass du sie länger trägst, oder stelle etwas komplett Neues aus ihrem Stoff her.**

ist. Was kaputt ist, wird zu Putzlappen oder Vliesstoffen für die Dämmung bei Autos oder im Hausbau weiterverarbeitet. So werden immerhin Ressourcen gespart und Müll vermieden.

Bei Containern von gemeinnützigen Organisationen fließt der Erlös zumindest in die Finanzierung sozialer Projekte. Wenn dein Herz also noch irgendwie an den aussortierten Teilen hängt und du möchtest, dass sie noch weitergetragen werden, gib sie lieber im Secondhandladen, in Oxfam-Läden, Sozialkaufhäusern, Frauenhäusern, einer sogenannten Kleiderkammer der Kirche oder bei Wohltätigkeitsorganisationen ab. Hier kommen tatsächlich Bedürftige hin und holen – meist für geringes Geld – die Klamotten ab. Voraussetzung für die Abgabe ist natürlich, dass die Teile noch gut in Schuss sind.

Auf plötzlich abgestellte Sammelbehälter vor der Tür mit emotionalen Aufrufen »Helfen Sie, damit wir helfen können« und mit fehlender Adresse brauchst du nicht zu reagieren. Sie sind illegal und nur Geschäftemacherei. Seriöse Altkleidersammlungen erkennst du an dem Label von FairWertung, dem DZI-Siegel (Deutsches Zentralinstitut für soziale Fragen), dem BVSE-Siegel (Bundesverband Sekundärrohstoffe und Entsorgung) oder am Symbol der örtlichen Abfallbehörde.

DIE SCHLAFZIMMEREINRICHTUNG

Etwa ein Drittel unserer Lebenszeit verbringen wir schlafend – und wer nicht ständig unterwegs ist, tut das in der Regel in seinem heimischen Schlafzimmer. Je mehr Naturmaterialien hier sind, desto wohler fühlen wir uns automatisch. Denn Möbel und Textilien aus Plastik laden die Luft statisch auf.

Achte beim Möbelkauf also auf Holz. Wenn du es dir leisten kannst, wähle Vollholzmöbel – die halten quasi ein Leben lang. Sie haben gegenüber den billigen Spanplattenmodellen den Vorteil, dass sie kein krebserregendes Formaldehyd ausgasen. Das kommt von den Kunstharzen, mit denen die Holzspäne verklebt werden. Bis zu zehn bis 20 Jahre kann aus Spanplattenmöbeln Formaldehyd ausgasen und währenddessen Kopfschmerzen verursachen und deine Schlafqualität beeinträchtigen. Wenn dir Vollholz zu teuer ist, wäre also eine gesundheitlich und umwelttechnisch schlauere Lösung, Secondhandmöbel zu kaufen, beispielsweise bei eBay oder in einem Gebrauchtwarenkaufhaus. Das spart natürlich auch wieder kräftig Rohstoffe. Wenn es aus irgendwelchen Gründen unbedingt neue Spanplattenmöbel sein sollen, achte auf die Bezeichnung F 0. Diese Möbelstücke wurden nicht mit Formaldehydharzen verklebt, sondern mit Polyurethan-Bindemittel – ein Kunststoff, aber immerhin nicht so giftig für die Atemwege. Kleiner Disclai-

mer: Um Möbel mit F 0 zu finden, musst du wahrscheinlich lange suchen. Formaldehyd wird in 90 Prozent aller Spanplatten eingesetzt.

Entscheidest du dich für Massivholz, sollte es aus kontrollierter Forstwirtschaft stammen. Das erkennst du am FSC-Siegel (Forest Stewardship Council). Bei Naturmöbelherstellern wird das Holz in der Regel nur mit Naturöl behandelt. Das riecht dann auch noch herrlich angenehm. Übrigens: Das Nonplusultra aufgrund seiner eigenen ätherischen Öle soll Zirbenholz im Schlafzimmer sein – es sorgt für einen besonders tiefen und erholsamen Schlaf.

Das Holz sollte aus Europa oder besser noch aus Deutschland stammen, um lange Transportwege zu vermeiden. Außerdem ist die Forstwirtschaft in anderen Teilen der Welt oft weit weniger kontrolliert. Tropenhölzer sind tabu – für unser Schlafzimmer muss doch kein Regenwald gerodet werden. Besser: Möbel aus Buche, Birke oder Eiche. Je härter das Holz, desto langlebiger wird dein Möbelstück sein.

Klebt ein Blauer Engel auf dem Möbelstück, bedeutet das, dass es aus überwiegend nachhaltig bewirtschafteten Wäldern stammt und keine Schadstoffe enthält, die das Recycling behindern würden.

UMWELTFREUNDLICHE MATRATZEN

Matratzen und Bettwaren, die aus nachwachsenden Rohstoffen bestehen und deren Herstellung, Ausdünstung und Entsorgung weder Gesundheit noch Umwelt belasten, werden vom Siegel des »Europäischen Verbands ökologischer Einrichtungshäuser« ausgezeichnet. Die Tests erfolgen in unabhängigen Laboren, die Ausdünstungen müssen erheblich niedriger sein als gesetzlich erlaubt.

WELCHE DECKE, WELCHES KISSEN?

Decken und Kissen können mit allem Möglichen gefüllt sein. Häufig steckt heutzutage Polyester drin. Es gibt aber Füllungen aus Schurwolle, Wildseide, Kapok oder eben die klassische Daunen-Lösung.

Falls du deine warme Federdecke nicht missen möchtest, achte beim Neukauf unbedingt darauf, dass sie nicht von Lebendrupf stammen. Das tut den Tieren nämlich sehr weh, auch wenn die Prozedur mittlerweile nur noch während der Mauser erlaubt ist. Dann besteht aber immer noch die Möglichkeit, dass sie von toten Stopfgänsen stammen. Auch diese Tiere wurden gequält. Wenn also Daunen, dann aus der zertifizierten Bio-Produktionskette. Die Gänse werden artgerecht auf kleinen Bauernhöfen gehalten und erst im Rahmen der Lebensmittelproduktion gerupft.

TEPPICHE UND GARDINEN

Achte bei deinen Wohntextilien darauf, dass sie möglichst aus Naturfasern wie Hanf, Bio-Baumwolle, Wolle oder Wollfilz gemacht sind. Teppiche aus Hanf oder Bambus sehen super aus, ein bisschen rustikal, und sind zudem sehr robust. Beide Pflanzen sind megaertragreich, robust und sparen so selbst im konventionellen Anbau jede Menge Pestizide. Außerdem binden sie während ihres Wachstums CO_2 aus der Atmosphäre. Hanf kann auch hier in Europa angebaut werden. Übrigens: Trägt der Teppich noch ein Goodweave-Siegel, heißt das, dass sich der Hersteller gegen Kinderarbeit engagiert.

Für Gardinen ist neben Bio-Baumwolle Leinen wunderbar. Es wird aus der Flachs-Pflanze hergestellt und bedarf ebenfalls viel weniger Chemikalien beim Anbau als konventionelle Baumwolle. Leinen ist die einzige Naturfaser, die in Bio-Qualität aus heimischem Anbau (Westeuropa) auf dem Markt ist. Früher, bei den alten Griechen und Römern, war Leinen die Hauptfaser für Textilien. Sie wurde nur im Zuge der Industrialisierung von der Baumwolle verdrängt, weil letztere leichter maschinell zu verarbeiten ist. Leinen ist von Natur aus antistatisch, schmutzabweisend und sogar bakteriozid, sodass du Vorhänge aus Leinen seltener waschen brauchst.

FÜR DIE SCHÖNSTEN STUNDEN

Wenn man jemanden liebt, dann möchte man ihm diese Liebe auch körperlich schenken. Verzichtest du bei der Verhütung auf Hormone, dann greifst du wahrscheinlich – zumindest an deinen fruchtbaren Tagen – auf Kondome zurück. Die meisten bestehen aus Naturkautschuklatex – sind also tatsächlich ein Naturprodukt. Allerdings sind manche Menschen gegen Latex allergisch. Die antiallergene Variante besteht dann meist aus Polyurethan – und das ist ein Kunststoff aus Erdöl und somit wieder Müll, der irgendwann an den Stränden anschwemmt und dort viele Jahrhunderte liegen bleibt.

Ein anderes Problem bei Kondomen aus Latex besteht darin, dass der Anbau von Kautschuk oft unter prekären Bedingungen stattfindet – sowohl für die Arbeiter als auch für die Umwelt. Deshalb gibt es mittlerweile einige Hersteller »fairer« Kondome, die explizit darauf achten, dass Sozialstandards eingehalten werden. Oft steht dann gleichzeitig auf der Verpackung, dass die Kondome vegan sind. Das erschließt sich den meisten nicht auf Anhieb: Kautschuk ist ja schließlich eine Pflanze, also müssten doch alle Kondome vegan sein. Sind sie aber nicht. Die meisten Hersteller verwenden zur Herstellung des Latex Kasein, ein Milchprotein. Dabei geht es auch anders, zum Beispiel mit Distelextrakt. Wer vegan leben möchte, sollte auf einen entsprechenden Hinweis auf der Verpackung achten. Im Zuge dessen macht es Sinn, zu schauen, ob sie tierversuchsfrei produziert sind.

EXKURS: NACHHALTIGKEIT UND PARTNERSCHAFT

Wenn du und dein Partner schon eine Weile zusammen sind und du beginnst, umweltfreundlicher zu leben, bedeutet das erst einmal eine kleine Destabilisierung in eurem System. Denn auf einmal sollen Dinge anders laufen als vorher. Die Chipstüte vor dem Fernseher wird beispielsweise zum Thema – und zwar nicht wegen der Kalorien. Geht er einkaufen und kommt mit einem plastikverpackten Paprika-Dreierpack zurück, kann dir schon einmal die Hutschnur reißen. Du gibst dir so viel Mühe, und er macht alles zunichte.

Bevor das in Streit ausartet, versuche, auch seine Perspektive zu verstehen. Wenn es nicht seine Entscheidung war, nachhaltiger zu leben, fühlt er sich jetzt vielleicht unfreier in seinen Handlungsmöglichkeiten. Da kann der Plastik-Paprikapack sogar zum kleinen rebellischen Akt werden. Hier hilft nur ganz viel kommunizieren. Sprecht darüber, was euch jeweils besonders wichtig ist, und versucht, Punkte zu finden, in denen ihr euch einig seid, dass ihr etwas verändern möchtet. Die könnt ihr dann gemeinsam konsequent beibehalten. Denk dran: Es ist besser, er macht ein kleines bisschen als einfach gar nichts. Und nach und nach kannst du ihn mit deinem neuen Lebensstil inspirieren – mit Freude und guter Laune, das wirkt sowieso am besten.

DIE PILLE SCHADET DEM KÖRPER UND DEN GEWÄSSERN

Auch wenn ich mich medizinisch nicht aus dem Fenster lehnen möchte: Wenn man die lange Liste der möglichen Nebenwirkungen auf der Packungsbeilage liest, kann einem schon angst und bange werden. Denn darauf, dass beispielsweise mein Schlaganfallrisiko steigt, habe ich einfach mal so gar keine Lust. Keine Lust hatte ich auch allgemein, als ich noch die Pille genommen habe. Sie hat meine Libido einfach total herabgesetzt.

Mein Freund dachte schon, es läge irgendwie an ihm oder unserer Beziehung. Das war aber nicht so. Mir fehlte einfach die innere Motivation, ich fühlte mich irgendwie schlapp und leer. Und das sind wohl ganz typische Nebenwirkungen der Pilleneinnahme. Als ich sie abgesetzt habe, kam auch die Lust zurück, ganz zur Freude meines Partners – und zu meiner eigenen.

Weil so viele Frauen mit der Pille verhüten, findet sich in unserem Abwasser ziemlich viel künstliches Östrogen. Frösche und Fische vertragen das nur sehr schlecht. Teilweise kehrt sich sogar bei genetisch männlichen Tieren das Geschlecht um, und sie sind fortan als – sterile – Weibchen unterwegs. Auch allgemein sinkende Fruchtbarkeit und Missbildungen an den Geschlechtsorganen stellen Forscher bei Wassertieren fest. Die künstlichen Östrogene werden in der Natur nicht abgebaut, sondern reichern sich immer weiter an. Vielleicht magst du dich deshalb auch einmal mit hormonfreien Verhütungsmethoden beschäftigen, wie beispielsweise einer Kupferspirale oder einem Verhütungscomputer, der dir anzeigt, an welchen Tagen du fruchtbar bist und an welchen nicht. Mit einer speziellen Schulung kannst du das sogar sehr genau selbst erkennen. Diese »symptothermale Methode« nutzt die Veränderungen von Körpertemperatur und Zervixschleim. Es handelt sich hierbei um nüchterne Schulmedizin, die Methode wird von Frauenärzten bei richtiger Anwendung in etwa so sicher eingestuft wie die Pille.

HORMONFREIE VERHÜTUNG SCHONT DEINEN KÖRPER UND DIE GEWÄSSER

WOHLFÜHLEN IM WOHNZIMMER

UND IRGENDWO DUDELT IMMER WAS

Kennst du das? Der Fernseher läuft, auf dem Wohnzimmertisch surrt noch das Notebook vor sich hin, das Handy piept. Das geht nicht nur unseren Ohren irgendwann auf die Nerven. Die Umwelt ist wegen der vielen gleichzeitig laufenden Geräte auch ganz schön belastet, denn schließlich verbrauchen sie ja alle Strom.

12 Prozent der Stromkosten im Haushalt entfallen auf die Unterhaltungselektronik, erklärt die Initiative »EnergieEffizienz private Haushalte«.

Seit 2008 ist der Stromverbrauch der Deutschen zu Hause tatsächlich um etwa ein Drittel gestiegen. Das macht bei allen Einwohnern Deutschlands zusammen rund acht Terrawattstunden. Grund sind vor allem die vielen Handys, Tablets, Computer, Spielekonsolen, Receiver, WLANs und immer größere Fernseher.

Dabei spiegelt sich die gestiegene Leistung der Geräte leider weitgehend in ihrem Stromverbrauch. Höher, schneller, weiter, mehr? Muss denn wirklich die Elektronik in deinem eigenen Zuhause in irgendeinem ominösen Wettbewerb mit der von anderen Leuten stehen? Zu welchem Preis? Falls du es bisher so hältst, frage dich doch einmal: Warum brauche ich das?

Und wenn wir schon gerade bei tiefschürfenden Bewusstseinsfragen sind: Muss es denn wirklich sein, dass ich mich ständig volldröhne mit all den unterschiedlichen Informationsquellen, am besten noch gleichzeitig? Maßnahme Nr. 1 beim Stromsparen ist womöglich zu überlegen, womit man wirklich gerade beschäftigt ist. Und alles andere einfach mal abzuschalten. Darüber hinaus gibt es aber noch viel weiteres Sparpotenzial.

NATÜRLICH ÖKOSTROM

Noch nicht gewechselt? Na dann wird's Zeit! Einen Ökoanbieter zu wählen ist so ziemlich das Einfachste, was du für die Natur tun kannst. Der Wechsel gelingt ganz leicht binnen weniger Minuten im Internet, und dann hast du im Prinzip nichts mehr damit zu tun, sparst der Umwelt aber jede Menge CO_2!

Das Vergleichsportal »Verivox« hat sich jüngst mit der gemeinnützigen Beratungsgesellschaft »CO_2online« zusammengetan, um transparenter zu machen, wie viel CO_2 welche Stromerzeugungsart wirklich spart. Hier die Daten, die sie auf Basis der Datenbank »Globales Emissions-Modell Integrierter Systeme« (GEMIS) errechnet haben:

Stromerzeugungsart	CO_2-Emissionen
Wind	19 g/kWh
Wasser	40 g/kWh
Sonne (Fotovoltaik)	135 g/kWh
Biomasse	0 g/kWh
Kraftwärmekopplung (Gas)	220 g/kWh
Braunkohle	1070 g/kWh
Steinkohle	980 g/kWh
Erdgas	430 g/kWh
Kernkraft	33 g/kWh
Strommix (Durchschnitt)	620 g/kWh

Windkraft spart also gegenüber Braunkohle 98 Prozent der CO_2-Emissionen. Kritiker bemängeln manchmal, dass man bei Ökostrom doch gar nicht wissen könne, ob der tatsächlich im eigenen Wohnzimmer ankommt. Ja, es stimmt: Der Ökostrom fließt nicht direkt vom Windrad in deine Steckdose, (es sei denn, du hast eins im Garten). Er wird in das Standardnetz eingespeist. Das ist also nicht wie beim Essen – du bekommst nicht unbedingt das serviert, was du bestellt hast.

Lohnt es sich dann überhaupt? Unbedingt! Denn du sorgst ja so oder so dafür, dass die Nachfrage nach regenerativen Energien zunimmt, während die Nachfrage nach Kohle und Atom abnimmt. Und worauf reagiert der Markt? Etwa auf politische Willensbekundungen? Nö. Auf die Nachfrage. Auf sonst nichts.

Ökoanlagen produzieren Strom mit nur einem Bruchteil der Emissionen konventioneller Energieerzeuger. Mach doch mal einen Preisvergleich auf einem der üblichen Vergleichsportale oder unter oekostromanbieter.org. Viele regionale Ökostromanbieter kosten kaum mehr als ihre umweltverschmutzenden Pendants. Und selbst wenn sie zwei Cent mehr kosten – ist uns das unsere Zukunft etwa nicht wert? Etwas Wichtiges gibt es beim Wechsel allerdings zu beachten: Der Begriff »Öko« ist nicht rechtlich geschützt! Schau dir deshalb am besten vorher die Bewertung des jeweiligen Anbieters von »OK-Power«, dem Siegel der Verbraucherzentrale an. Das bescheinigt neben 100 Prozent Strom aus erneuerbaren Energien auch einen fairen Umgang mit Verbrauchern. Die Anbieter mit diesem Siegel dürfen zudem keine Anteile an Atom- oder Kohlekraftwerken besitzen. Der Umweltverband BUND stellt vier deutschlandweit tätige Ökostromanbieter als besonders empfehlenswert heraus: »Lichtblick« und »Greenpeace Energy« aus Hamburg, Elektrizitätswerke »Schönau« aus dem Schwarzwald und »Naturstrom« mit Sitz in Düsseldorf und Forchheim.

Wir selbst haben eine Fotovoltaikanlage auf dem Dach. Die heizt das warme Wasser

zum Beispiel für die Dusche auf. Das senkt dauerhaft unsere Stromrechnung. Schon mit einer Fläche von zehn Quadratmetern auf dem Dach erzeugst du pro Jahr rund 1000 Kilowattstunden Strom zum Selbstkostenpreis von rund 10 Cent pro Kilowattstunde, sparst also unter Umständen mehr als die Hälfte der laufenden Stromkosten. Wir machen uns zudem mit unserer eigenen Anlage ein Stück weit unabhängig vom Energieversorger – was zum Beispiel interessant werden dürfte, falls einmal generell die Strompreise steil anziehen.

DIE APP ENERGIECHECK ZEIGT DIR, WO DU MIT DEINEM PERSÖNLICHEN STROM- UND HEIZVERBRAUCH STEHST, UND HILFT AUF DIESE WEISE, RECHTZEITIG GEGENZUSTEUERN. EINFACH ZÄHLERSTÄNDE EINGEBEN, DANN GIBT'S EIN DIAGRAMM ZUR ENTWICKLUNG DEINES ENERGIEVERBRAUCHS.

STROM SPAREN AM SMARTPHONE

Kaum zu glauben: Früher hielten Handyakkus bis zu einer Woche. Heute sind die meisten von uns wohl gewohnt, das Smartphone täglich oder zumindest jeden zweiten Tag neu aufzuladen. Es gibt aber Tricks, wie dein Akku länger durchhält. Das spart Strom, kann aber auch ganz praktisch sein, wenn du unterwegs bist.

Wer ständig daddelt oder soziale Netzwerke checkt, verbraucht nicht nur mehr Datenvolumen, sondern mehr Strom, klar. Deutlich besser wird es aber, wenn du dabei die Ortungsdienste ausschaltest, denn das sind große Stromfresser. Du findest sie bei den Einstellungen unter »Datenschutz« und dann »Ortungsdienste« oder »Standort«. Warum unter Datenschutz? Weil nicht jeder Hans und Franz weiß, wo du dich gerade aufhältst, wenn du sie deaktivierst. Auch nicht schlecht, oder?

Wenn du unterwegs bist, schalte auf jeden Fall die WLAN- und Bluetooth-Funktionen aus, sonst suchen diese die ganze Zeit nach verfügbaren Verbindungsmöglichkeiten und ziehen ebenfalls Extra-Strom. Wenn du in einem offenen oder bekannten WLAN unterwegs bist, nutze es, und stelle die UMTS- oder LTE-Funkschnittstellen aus. Du wirst dich wundern, wie viel länger dein Smartphone beispielsweise auf einer Zugfahrt durchhält, wenn du außerhalb der Städte UMTS oder LTE deaktivierst.

Wenn du noch mehr einsparen willst, kannst du besonders energiehungrige Apps deaktivieren. Welche das sind, siehst du unter »Einstellungen« und dann bei »Batterie« oder »Akku«. Falls dann eine App viel Energie zieht, die du sowieso fast gar nicht benutzt, lösche sie doch einfach. Einige der neuen Handys haben auch einen Energiesparmodus, der automatisch Prozessorleistung, Hintergrundfarbe und andere Stromfresser reduziert.

Der größte Stromverbraucher des Smartphones, den wir selbst manuell beeinflussen können, ist aber das Display. Fahre die Helligkeit herunter, soweit es für dich passt. Und mache es ganz aus, sobald du es zur Seite legst. Die Funktion »Night Shift« fährt die Helligkeit spätabends automatisch runter und taucht das Display zudem in wärmere Farben – wie die Abendsonne. Das hat den positiven Nebeneffekt, dass du dann besser einschlafen kannst, als wenn du dich bis zuletzt vom tageslichtähnlichen Spektrum anstrahlen lässt. Und wer zeitig schlafen geht, verbraucht spätabends auch weniger Strom. Nachts stellst du dein Handy am besten auf Flugmodus. Dann sparst du Energie und hast deine Ruhe.

Drei Fünftel der CO_2-Emissionen bei Handys entstehen laut Öko-Verbraucherportal utopia.de während ihrer Herstellung. Am meisten dienst du also der Umwelt, wenn du dein derzeitiges Gerät einfach so lange wie möglich nutzt.

SMARTPHONE ZIEHT MEHR STROM ALS DER KÜHLSCHRANK

EIN BERICHT DER DIGITAL POWER GROUP (EIN TECHNOLOGIE- UND INVESTMENT-BERATUNGSUNTERNEHMEN) BEHAUPTET, DASS EIN DURCHSCHNITTLICHES IPHONE MEHR STROM VERBRAUCHT ALS EIN MITTELGROẞER, ENERGIEEFFIZIENTER KÜHLSCHRANK, NÄMLICH 361 GEGENÜBER 322 KILOWATTSTUNDEN. WEIL DER STROMVERBRAUCH MIT DEN NUTZUNGSGEWOHNHEITEN STARK SCHWANKT, WAR DIESE STUDIE UMSTRITTEN. TATSACHE IST JEDOCH, DASS WIR DIE STROMSPARMÖGLICHKEITEN, DIE SICH UNS FÜRS SMARTPHONE BIETEN, AUCH NUTZEN SOLLTEN.

DAUERZAPFGERÄT WLAN

Ein ständig laufender WLAN-Router ist ebenfalls ein immenser Stromfresser. Im 24-Stunden-Betrieb zieht er zwischen fünf und 20 Watt. Bei einem Strompreis von 25 Cent pro Kilowattstunde macht das pro Jahr zwischen elf und 44 Euro – in zehn Jahren sind das dann einfach mal 440 Euro. Das Computermagazin CHIP rät zum Beispiel zur Zeitschaltung, durch die sich das WLAN nachts von selbst deaktiviert. Die entsprechende Anleitung für deinen Router kannst du dort online einsehen. Ist dir das zu kompliziert, drückst du einfach auf den Aus-Knopf, wenn du es nicht mehr benutzt oder abends schlafen gehst. Während eines Urlaubs nehmen wir den Router am besten gleich ganz vom Netz.

Auch sollten wir WLAN-Geräte wie den Drucker oder eBook-Reader gleich nach ihrer Nutzung wieder abschalten. Sonst schickt der Router ihnen immer wieder kleine Datenpakete, um ihre Verfügbarkeit zu prüfen. Das kostet ebenfalls unnötig Strom. Man kann ebenso die Sendeleistung des Routers in den Einstellungen schrittweise herunterfahren. Teste einfach aus, wie viel du wirklich brauchst, um in allen relevanten Räumen deiner Wohnung ausreichenden Empfang zu haben.

SPIELEKONSOLEN – AUCH GAMER KÖNNEN STROM SPAREN

Ach wie herrlich, wenn man einfach vom gemütlichen Sofa aus fröhlich vor sich hin

STECKER ZIEHEN!

SOLANGE DAS LÄMPCHEN GLÜHT ODER EIN GERÄT LEISE VOR SICH HIN SURRT, ZIEHT ES STROM. SELBST WENN DU ES GANZ AUSSCHALTEST, GIBT ES IMMER NOCH DEN SOGENANNTEN KRIECHSTROM, DER BEI MANGELHAFT ISOLIERTEN ALTEN LEITUNGEN AUFTRETEN KANN. SCHLIMMSTENFALLS FÜHRT DER IRGENDWANN DAZU, DASS BEISPIELSWEISE DEIN TOASTER NACHTS EINEN KURZSCHLUSS HAT UND PLÖTZLICH EURE KÜCHE BRENNT. STECKE ELEKTRISCHE UND ELEKTRONISCHE GERÄTE, DIE NICHT BENUTZT WERDEN, DESHALB GANZ AUS, ODER NUTZE EINE AUTOMATISCHE STECKDOSENLEISTE – DIE SIND SICHER.

daddeln kann. Mittlerweile spielen viele junge Leute ja nicht nur mit ihrer Spielekonsole, sondern streamen, was das Zeug hält: Netflix und Co., Spotify und was es da alles so gibt. Schade allerdings, dass Spielekonsolen dafür etwas brauchen, nämlich Strom. Und zwar je nach Aktivität ganz schön viel. Tatsächlich ist der Energieverbrauch der Spielekonsolen von der Auflösung und Qualität des Spiels oder des Films abhängig: Je höher und besser, desto mehr Strom benötigt es auch. Das Gleiche gilt für die Zahl der Special Effects.

Machen wir mal kurz eine Standardrechnung (du hast gleich was davon, versprochen!): Angenommen, du oder dein Freund spielen etwa vier Stunden am Tag und schalten die Konsole danach aus, also nicht in den Stand-by-Modus. Das entspricht dann etwa 495,4 Watt, also einer halben Kilowattstunde pro Tag. Im Jahr sind das 182,5 Kilowattstunden. Bei einem Strompreis von 0,25 Cent pro Kilowattstunde kostet euch das knapp 46 Euro pro Jahr – nur für den Verbrauch der Spielekonsole. Na, denkst du schon über ein eigenes Sparschwein für deinen Schatzi nach, wo er für jede Zockerstunde etwas abdrücken darf? Für eine Xbox One oder Playstation blättert ihr also nicht nur beim Kauf ordentlich etwas hin. Auch der laufende Stromverbrauch hat es in sich. Vertraue außerdem bitte nicht blind auf den Stand-by-Modus.

Je nach Gerät verbraucht der auch etwa 1,4 Watt, manche sogar über 8 Watt – obwohl du gar nichts damit machst! Am besten, du steckst deine Geräte in eine abschaltbare Mehrfachsteckdose ein. Dann ziehen sie garantiert keinen Strom mehr, wenn du es nicht willst. Das bietet sich zum Beispiel an, wenn du sowieso mehrere Stunden außer Haus bist. So kannst du bis zu 40 Euro Stromkosten im Jahr sparen. Ein Wort zu Ehren der Spielekonsolen: Sie verbrauchen zwar mehr Strom als Notebooks (dazu mehr im Wohnzimmer-Kapitel, S. 134 f.) und viel mehr als Tablets, aber immerhin ziehen sie im Schnitt weniger Strom als ein Desktop-PC oder gar ein Gaming-PC, wie ihn Profispieler verwenden. Der teuerste Fehler, den du machen kannst – für dich und die Umwelt –, ist, nach dem Spielen zwar den Bildschirm auszuschalten, die Konsole aber weiterlaufen zu lassen. Läuft sie rund um die Uhr, kann das leicht um die 100 Euro Mehrkosten pro Jahr verursachen. Immerhin: Neuere Konsolen schalten nach einer bestimmten Phase der Inaktivität von allein auf Stand-by. Gegebenenfalls unter »Einstellungen« entsprechend das Häkchen setzen.

EU-VERORDNUNG FÜR STAND-BY-BETRIEB

WUSSTEST DU, DASS SEIT 2013 GERÄTE IM STAND-BY-MODUS NUR NOCH MAXIMAL 0,5 WATT VERBRAUCHEN DÜRFEN? WENN SIE EINEN TIMER HABEN, IST ES MAXIMAL 1 WATT. DAMIT SIND NEUE GERÄTE ÄLTEREN WEIT VORAUS. DIE KÖNNEN SCHON MAL RUND 15 WATT PRO STUNDE VERBRAUCHEN – IM STAND-BY-MODUS. DENN DABEI LADEN DIE KONSOLEN IM HINTERGRUND UPDATES. DAS IST IMMER NOCH STROMSPARENDER ALS IN VOLLEM BETRIEB. WENN DU ALLERDINGS KEINE UPDATES GEPLANT HAST, HILFT IN DIESEM FALL DIE AKTIVIERUNG DES STROMSPARMODUS, RÄT DAS COMPUTERMAGAZIN CHIP. DANN SINKT AUCH DER VERBRAUCH UNTER 1 WATT PRO STUNDE UND SPART IM JAHR BIS ZU 25 EURO.

DIE KOMISCHE BOX NEBEN DEM FERNSEHER

Habt ihr bei euch zu Hause eine Set-Top-Box? Das rechteckige Ding, das irgendwo in der Nähe des Fernsehers steht und mit dem du Filme, Serien und Musik streamen kannst? Durch manche dieser Geräte kannst du sogar die Inhalte deines Smartphones oder Tablets auf dem Fernseher anzeigen lassen. Von ihren Funktionen her ist also eine Set-Top-Box recht reizvoll. Das Problem: Selbst wenn der Fernseher längst ausgeschaltet ist, läuft bei vielen dieser Geräte weiter die Uhr. Und das heißt, sie ziehen weiter Strom.

Eigentlich handelt es sich bei den unverdächtig aussehenden Beistellern um kleine Computer, die sich nie völlig ausschalten, sondern einfach immer weiterlaufen – obwohl niemand fernsieht. Darauf machen Wissenschaftler beim »Natural Resources Defense Council (NRDC)« aufmerksam. Allerdings gibt es hier ebenfalls gute Nachrichten: Die neuen Modelle sind deutlich effizienter als ihre Vorgänger, die 2010 im Handel waren: Sie verbrauchen bis zu 90 Prozent weniger Strom. Seit 2010 begrenzt nämlich die sogenannte Ökodesign-Richtlinie der EU ihren Stromverbrauch sowohl im Betrieb als auch im Stand-by-Modus.

WIE UMWELTFREUNDLICH KANN EIN FERNSEHER SEIN?

Durchschnittlich sitzt jeder Mensch in Deutschland rund drei Stunden pro Tag vor dem Fernseher. Wenn alle Familienmitglieder dabei wenigstens vor ein- und demselben sitzen würden ... In rund jedem zweiten deutschen Haushalt stehen zwei Mattscheiben, in 12 Prozent sogar drei oder noch mehr. Es gibt 41 Millionen Haushalte in Deutschland. Würden wir alle den Verbrauch unseres TVs ordentlich reduzieren, wäre das ein gewaltiger Beitrag zum Klimaschutz. Fernseher sind heutzutage wesentlich größer als noch vor zehn Jahren. Das schlägt auch leicht auf die Stromrechnung – bis zu 50 oder gar 100 Euro Stromkosten pro Jahr nur fürs Fernsehen sind keine Seltenheit. Das muss aber nicht sein. Im Idealfall kannst du deine jährlichen TV-Stromkosten sogar auf etwa 14 Euro senken. Alles, was du kennen musst, sind ein paar Tricks.

♥ Überprüfe zunächst die Einstellungen deines Fernsehers. Viele sind ab Werk zu hell eingestellt. Wenn du das und den Kontrast etwas runterregelst, empfindest du es möglicherweise sogar als angenehmer, vor allem abends. Was aber noch wichtiger ist: Du sparst dadurch viel Strom.

♥ Wurde dein Fernseher vor 2010 (das Jahr der Stand-by-Richtlinie) hergestellt, kann es außerdem sein, dass er auch im Stand-by-Modus noch ordentlich Saft zieht. Schalte ihn dann lieber gleich ganz aus, wenn du nicht mehr schaust.

♥ Solltest du ein neues Gerät kaufen, achte auf die Energieeffizienzklasse A++. Das verbraucht bis zu 80 Prozent weniger Strom als ein Gerät der schlechtesten Klasse E.

♥ Überlege dir außerdem, ob es wirklich das riesige Modell sein muss. Denn je größer die Mattscheibe, desto höher der Verbrauch. Zieht etwa ein sparsamer 32-Zoller rund 30 Watt, bringt es ein sparsamer 55-Zoller locker aufs Doppelte. TV-Händler sagen als Daumenregel: Die Bildschirmdiagonale sollte nicht mehr als ein Drittel des Abstands bis zum Sofa betragen. LCD-TVs sind oft stromsparender als Plasmabildschirme. Als besonders effizient gelten LCD-Fernseher mit LED-Hintergrundbeleuchtung. Achtung: Die neuen Ultra-HD- und 3-D-Fernseher haben besonders viele Pixel – das bezahlst du mit etwa 30 Prozent mehr Strom als bei einem vergleichbaren Full-HD-Gerät, erklärt die Initiative »EnergieEffizienz«.

♥ Super ist es auch, falls du streamen willst, wenn das Empfangsgerät bereits im Fernseher integriert ist. Dann brauchst du keine zusätzliche Set-Top-Box.

Insgesamt tragen viele verschiedene Faktoren zum Stromverbrauch eines Fernsehers bei. Wirf deshalb am besten vor der Entscheidung für ein neues Fernsehermodell nicht nur einen Blick auf das EU-Energielabel, sondern auch in diese Datenbank: http://stromeffizienz.de/beratung/topgeraete-datenbank/

TAUSCHEN SPART RESSOURCEN

ORGANISIERTES TAUSCHEN

Du suchst nach einem Raclettegrill und weißt genau, dass du diesen maximal einmal im Jahr benutzt? Dann lohnt es sich nicht, ihn zu kaufen. Wenn das Herumfragen im Freundes- und Bekanntenkreis ohne Ergebnis bleibt, wirst du mit hoher Wahrscheinlichkeit auf einer dieser Tauschplattformen fündig:

- DIETAUSCHBOERSE.DE
- TAUSCHTICKET.DE
- BAMBALI.DE
- LEIHDIRWAS.DE

Auf Facebook gibt es die Gruppe »Fair-Teiler« – die über hundert regionale Tauschgruppen koordiniert. Lokale Tauschringe findest du unter tauschring.de. Du kannst auch selbst einen gründen, wenn du magst.

WIE VIELE »SKLAVEN« ARBEITEN FÜR DICH?

Als ob es nicht schon genug Gründe gäbe, weniger zu konsumieren, kommen ja noch die ausbeuterischen Löhne und Arbeitsbedingungen in vielen produzierenden Ländern dazu. Die Menschen dort arbeiten teilweise für ein bis zwei Euro pro Tag, 14 Stunden am Tag, zusammengepfercht in engen Fabriken, sehen so gut wie nie das Tageslicht oder ihre Familien. Sie werden deshalb auch als »moderne Sklaven« bezeichnet. Weltweit wird ihre Zahl auf 21 Millionen Menschen geschätzt. Jeder Fünfte davon ist ein Kind. Theoretisch könnten sie sich einen anderen Job suchen, praktisch wäre es im Unternehmen nebenan aber auch nicht besser.

Mit diesem Bewusstsein fühlt es sich schon ganz anders an, wenn man mal wieder ein tolles Schnäppchen im Laden entdeckt hat. Falls dein Englisch einigermaßen in Ordnung ist, kannst du unter slaveryfootprint.org anhand der von dir eingegebenen Konsumgewohnheiten testen, wie viele »Sklaven« vermutlich für dich arbeiten.

Wenn man sich die wahren Kosten für unsere billigen Produkte vor Augen führt, tut das ganz schön weh. Wir können aber nicht einfach die Augen vor der Realität verschließen! Sonst sind wir nicht erwachsener als Zweijährige, die sich die Augen zuhalten und deshalb glauben, alles andere wäre jetzt weg. Eine derart infantile Haltung können wir uns nicht mehr leisten, denn für unseren Planeten ist es jetzt schon später als fünf vor zwölf. Lasst uns erwachsen werden und uns dabei begleiten.

LIEBER REPARIEREN ALS WEGSCHMEIẞEN

Trotz aller potenziellen Stromersparnisse: Einen Fernseher vorzeitig auszurangieren, macht auch keinen Sinn. Denn für jedes neue Gerät werden erst einmal Rohstoffe abgebaut, zum Beispiel Zinn, Gold, Wolfram oder Tantal. Dies passiert meist in ärmeren Ländern mit schlechten Arbeits- und Umweltstandards. Teilweise müssen immer wieder Kinder mitschürfen und dabei giftige Dämpfe einatmen. Die Lieferketten sind meist undurchsichtig, sodass man letztlich meist nicht weiß, wie die Rohstoffe gewonnen wurden.

Leider passiert es immer wieder, dass sie vom Abfallunternehmen nicht fachgerecht zerlegt, Edelmetalle und Kunststoffe nicht recycelt und Schadstoffe nicht sauber abgetrennt werden. Vielmehr tauchen immer wieder Medienberichte über Berge von alten, kaputten Fernsehern in Afrika auf – die teilweise von uns stammen. Aus einigen LCD-Modellen entweicht dann beispielsweise giftiges Quecksilber in die Luft. Aber auch andere Modelle stecken voller Schwermetalle und Giftstoffe, die dort den Boden verseuchen. Von den Entsorgern wird das teils heftig bestritten. Sie würden nur funktionstüchtige Altgeräte nach Afrika exportieren. Doch riesige E-Schrott-Berge existieren dort – und sind nicht zu verbergen.

Die Wegwerfmentalität hat die meisten von uns heutzutage ziemlich gut im Griff. Während unsere Eltern oft noch versuchten, selbst etwas zu reparieren, oder die Handwerker kommen ließen, schmeißen wir Kaputtes schnell in den Müll und kaufen etwas Neues. Viele junge Menschen haben heutzutage nicht einmal mehr eine voll ausgestattete Werkzeugkiste zu Hause. Uns fehlt ja ohnehin das nötige Know-how. Außerdem ist es mittlerweile oft billiger, etwas neu zu kaufen, als es vom Fachmann reparieren zu lassen.

Um diesem Trend entgegenzuwirken, gibt es jetzt immer mehr sogenannte Repaircafés in den Städten. Dort engagieren sich ehrenamtliche Helfer mit Fachwissen. An bestimmten Tagen kannst du mit deinen kaputten Geräten vorbeikommen und dir kostenlos helfen lassen. Oder du reparierst es unter Anleitung gleich selbst – was für ein tolles Gefühl, wenn du es dann geschafft hast!
Termine findest du unter repaircafe.org oder reparatur-initiativen.de. Wenn du es

CHALLENGE: SPARSAME MEDIENNUTZUNG

LEVEL 1 Wechsle zu Ökostrom.

LEVEL 2 Schraube, aufbauend zu Level 1, die Helligkeit aller Displays der Geräte, die du besitzt, herunter. Statt den Stand-by-Betrieb einzuschalten, mache deine Geräte einfach richtig aus, wenn du sie nicht benutzt.

allein probieren willst, findest du Anleitungen für Elektroreparaturen unter kaputt.de.

Schweden hat übrigens im Jahr 2016 die Mehrwertsteuer auf professionelle Reparaturen durch Handwerker, aber auch beispielsweise durch Schuster und Schneider um die Hälfte gesenkt. Man zahlt also deutlich weniger für diese Dienstleistung. Das soll das Konsumverhalten nachhaltig verändern, umweltschonendes Handeln erleichtern und gleichzeitig den Arbeitsmarkt ankurbeln. Das wäre doch mal ein Denkanstoß für unsere deutschen Politiker.

GIBT ES EIGENTLICH »GRÜNE ELEKTRONIK«?

Wirklich ökologische und faire Lösungen gibt es auf dem Elektronikmarkt leider kaum. Dennoch findet sich einiges, worauf du beim Kauf eines Geräts achten kannst:

- Energieverbrauch
- Blauer Engel
- Eventuelle Produkttests von Stiftung Warentest, die zur Lebensdauer informieren.
- Funktionen. Sind die, die du brauchst, auch in einem älteren Modell enthalten, und könntest du dieses ebenso secondhand kaufen? Gebrauchtwarenhändler geben sogar eine Garantie für ihre Produkte mit dazu

Überlege dir zudem, ob du das Produkt wirklich kaufen musst. Wenn du es nur einmal oder selten brauchst, informiere dich über Leihmöglichkeiten – im Internet, im Baumarkt oder bei einem Ton- und Lichtverleih, falls du eine tolle Musikanlage für die goldene Hochzeit deiner Eltern suchst.

WAS MACHE ICH MIT MEINEM ALTEN ELEKTROGERÄT?

Ist es noch zu gebrauchen, verkaufe es doch einfach im Internet, zum Beispiel unter flip4new.de, rebuy.de oder ebay.de. Ist das Gerät hinüber, ist seine Entsorgung mittlerweile etwas einfacher geworden als früher. Denn seit Juli 2016 müssen Elektronikmärkte und sogar Onlineshops ausgediente Elektro- und Elektronikgeräte zurücknehmen. Das schreibt das aktuelle Elektroschrott-Gesetz vor.

Großgeräte wie Fernseher müssen kostenlos zurückgenommen werden, wenn du dort ein entsprechendes neues Gerät kaufst. Kleinere Geräte (unter 25 Zentimeter Kantenlänge) werden sogar dann kostenlos zurückgenommen, wenn du nichts Neues kaufst. Hierzu gehören beispielsweise Smartphones oder elektrische Zahnbürsten. Nutze diese Möglichkeit, denn wir Bürger sind zu einer sachgerechten Entsorgung verpflichtet.

Vielleicht findest du aber auch einen Elektroschrottcontainer in deiner Nähe, den du nutzen kannst. Oftmals steht er gleich neben dem Altkleidercontainer. Ansonsten findest du den nächsten Wertstoffhof über die App eSchrott.

MUSS ICH BATTERIEN WIRKLICH IMMER EXTRA ENTSORGEN?

Kurz gesagt: ja. Und eigentlich weiß das auch jeder. Auf der Verpackung von Batterien prangt schließlich ein Symbol einer Mülltonne, die durchgestrichen ist. Trotzdem kommen die Sammelquoten über die Rücknahmestellen im Jahr 2016 nur auf etwa 42 Prozent, so die Zahlen der »Stiftung Gemeinsames Rücknahmesystem in Deutschland«. Das finde ich ziemlich schockierend. Denn in Batterien stecken Schwermetalle wie Blei, Kadmium und Quecksilber, die auf der Mülldeponie in den Boden und ins Grundwasser sickern. Wem bitte ist das denn egal? Für die armen Tiere, die damit in Berührung kommen, sind diese Schwermetalle giftig. Sie greifen ihr Nervensystem an, ändern ihr Verhalten und behindern ihre Fortpflanzung. Und das nehmen manche Menschen in Kauf, nur weil sie zu faul sind, ihre Batterien beim nächsten Einkauf kurz bei der Sammelstelle vorbeizubringen. Ehrlich gesagt macht mich so etwas wütend.

Wir alle sind in der Pflicht, unseren schönen Planeten zu schützen. Es kommt auf jeden Einzelnen an: auf dich, auf mich, auf unsere Freunde und Familienmitglieder. Rede mit ihnen, falls sie sich noch unbewusst verhalten.

Wenn du kannst, solltest du lieber Akkus statt Batterien verwenden. Die sind über Jahre haltbar und werden einfach wieder aufgeladen. Gut, irgendwann wird die Ladeleistung schlechter. Dennoch stellte Stiftung Warentest gegenüber dem Bayerischen Rundfunk fest: »Wir haben mal ein Rechenbeispiel gemacht, da wird der Akku relativ häufig genutzt, und da kann man mit den besten Akkus über einen Zeitraum von fünf Jahren über 500 Batterien einsparen.« Wieder einmal ein Vorteil für die Umwelt und für den Geldbeutel. Denn so sparst du wieder bis zu 100 Euro. Hat er schließlich seinen Dienst verrichtet, kommt der Akku ebenfalls zur Sammelstelle.

WELCHES LICHT IST DAS BESTE?

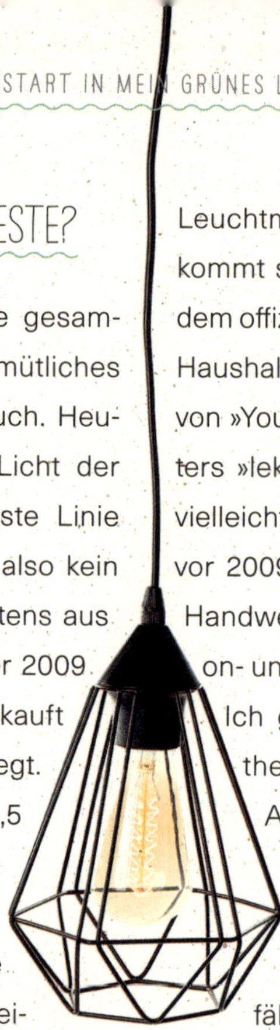

Früher tauchten Glühbirnen die gesamte Wohnung in ein warmes, gemütliches Licht. Schmeichelhaft war es auch. Heute betont das flackernd kalte Licht der **Energiesparlampen** jede kleinste Linie im Gesicht. Ästhetisch sind sie also kein wirklicher Gewinn. Aber wenigstens aus Umweltgründen? Seit September 2009 soll die Glühbirne nicht mehr verkauft werden. Das hat die EU so festgelegt. Beleuchtung verbrauchte etwa 1,5 Prozent der Gesamtstrommenge, und die sollte heruntergefahren werden. Denn die alte Glühbirne taugt eigentlich fast mehr als Heizung denn als Leuchtmittel. Fünf Prozent der Energie wandelt sie in Licht um, den Rest gibt sie als Wärme ab. Zumindest im Sommer also eine Riesenverschwendung. Energiesparlampen sollten den Energieverbrauch für Licht um 30 Prozent senken. Das ist übrigens mittlerweile fast gelungen. Doch die sogenannten Kompaktleuchtstofflampen enthalten kleine Mengen Quecksilber. Deshalb sind sie umstritten. Vielen Menschen war die Abschaffung der Glühbirne zugunsten der Energiesparlampen so unheimlich, dass sie mit Hamsterkäufen große Mengen ihres geliebten Leuchtmittels gehortet haben. Und so kommt sie selbst heute noch, Jahre nach dem offiziellen Verbot, in fast der Hälfte der Haushalte zum Einsatz, wie eine Umfrage von »YouGov« im Auftrag des Stromanbieters »lekker Energie« zeigt. Manche sind vielleicht einfach noch immer aus der Zeit vor 2009. In illegalen Shops – oder über Handwerker – werden sie jedoch weiter on- und offline verkauft.

Ich glaube, es ist nicht nur eine ästhetische Rebellion, die hier zum Ausdruck kommt. Viele Menschen misstrauen dem Konzept, massenweise Quecksilber in Umlauf zu bringen, das schließlich so gefährlich sein kann, wenn die Lampe zerbricht – beispielsweise weil der vierjährige Sohn der Familie voller Elan seinen Fußball dagegenschießt. Leuchtstofflampen gelten nach Ablauf ihrer Funktionszeit immerhin als Sondermüll. Keinesfalls dürfen sie auf die normale Deponie, wo sie früher oder später auslaufen und den Boden und das Grundwasser belasten würden. Geben wir sie bei einer Sammelstelle ab, werden die jeweils zwei bis fünf Milligramm Quecksilber pro Lampe zurückgewonnen, ebenso wie die Wertstoffe Kupfer, Aluminium und Zinn. Die fachgerechte Entsorgung ist so wichtig, dass sogar bis zu 200 Euro Buß-

CHALLENGE: LEUCHTENDES BEISPIEL SEIN

LEVEL 1 Tausche deine Leuchtmittel bei der nächsten Gelegenheit gegen LEDs aus.

LEVEL 2 Mache, aufbauend zu Level 1, immer das Licht aus, wenn du längere Zeit nicht mehr in einem Raum bist.

SAMMELSTELLEN IN DEINER NÄHE FINDEST DU ZUM BEISPIEL UNTER LIGHTCYCLE.DE

geld drohen, wenn jemand mit einer Energiesparlampe im Hausmüll erwischt wird. **Halogenlampen** helfen der Energiebilanz wenig. Sie sparen zwar 30 Prozent Strom gegenüber der Glühbirne. Das ist aber zu wenig, findet die EU. Ab September 2018 werden sie deshalb nicht mehr verkauft. Keine Sorge, für fast alle Modelle gibt es mittlerweile LED-Ersatz. Achte beim Kauf auf die richtige Sockelform und Größe.

Die sogenannten **LED-Lampen** (LED = Licht emittierende Dioden) finde ich übrigens wirklich toll. Die sparen verglichen mit Glühbirnen 70 bis 80 Prozent Energie und dürfen deshalb auch als Energiesparlampen verkauft werden. Das rechnet sich für dich mit etwa 70 Euro pro Jahr. Stiftung Warentest bestätigt, dass die Gesamtökobilanzen der LEDs die beste unter den Leuchtmitteln ist. Bei ihrer Untersuchung ging es darum, wie stark Herstellung, Gebrauch und Entsorgung die Umwelt belasten. LEDs brauchen keine Anlaufzeit, bis sie nach dem Einschalten richtig hell werden, sie halten etwa 25-mal länger als die alte Glühbirne und etwas länger als gängige Leuchtstofflampen, und sie sind relativ unproblematisch in der Entsorgung. Dennoch dürfen sie nicht einfach in den normalen Restmüll, weil sie nämlich elektronische Bauteile enthalten. Deshalb müssen wir auch sie zu den speziellen Sammelstellen, beispielsweise in Drogerien, bringen.

Außerdem kann man LEDs in verschiedenen Lichtfarben kaufen. »Warmweiß« (2700 Kelvin) kommt dem Licht der Glühbirne am nächsten und ist für das Wohnzimmer schön gemütlich. »Neutralweiß« (3000–5000 Kelvin) macht sich dafür gut in Arbeitszimmern, weil es dem Tageslicht ähnelt.

RICHTIG HEIZEN SPART AM MEISTEN

60 bis 70 Prozent unseres heimischen Energieverbrauchs und somit CO_2-Ausstoßes geht aufs Konto der Heizung. Dieses Thema ist also eines der wichtigsten, wenn du wirklich etwas für die Umwelt tun willst. Gönne dir die nächsten zehn Minuten, um in dieser Schritt-für-Schritt-Anleitung zu erfahren, wie du deine Energie- und damit CO_2-Bilanz entscheidend herunterfährst. Wie wir mittlerweile schon so oft gesehen haben, rechnet sich das schließlich auch für unser eigenes Portemonnaie.

Schritt 1: Runterdrehen. Jedes Grad Celsius, das du runterschraubst, spart etwa sechs Prozent Energie. Bedeutet: Wenn du von 24 auf 21 Grad reduzierst, fühlt sich das immer noch angenehm an, aber du sparst schon 18 Prozent – fast ein Fünftel!

Gehörst du zu den ewig Verfrorenen? Dann zieh lieber deinen Lieblings-Kuschelpulli, ein schönes Halstuch und dicke Socken an, und mümmel dich auf dem Sofa in eine Decke ein. Das ist auch für die Schleimhäute besser, als sich ständig in überheizten Räumen aufzuhalten – man bekommt so also seltener eine Erkältung.

Für Räume, die du nur selten oder kurz benutzt, reichen 20 Grad. Fürs Schlafzimmer werden sogar maximal 18 Grad empfohlen, das verbessert außerdem die Schlafqualität. Manche plädieren sogar für 14 bis 16 Grad. Das kannst du austesten, allerdings nur bei vernünftig isolierten Gebäuden. Denn bei Altbauten ist die Wahrscheinlichkeit von Schimmelbildung bei so niedrigen Temperaturen hoch. Lebst du in einer solchen Wohnung, kann es sein, dass eine Mindesttemperatur in deinem Mietvertrag festgelegt ist. Einfach mal reinschauen. Wenn du dich auch tagsüber in deinem Schlafzimmer aufhältst, drehst du den

Thermostat einfach eine Stunde vor dem Schlafengehen um ein bis zwei Punkte herunter.

Schritt 2: Die Wärme drinnen halten. Am leichtesten entweicht sie über die Fenster. Mache deshalb nachts alle Vorhänge zu, selbst dort, wo du dich nicht aufhältst und es dir eigentlich egal wäre. Ideal sind übrigens Rollläden. Lässt du die nachts herunter, senkst du den Wärmeverlust über die Fenster um satte 20 Prozent.

Schritt 3: Richtig lüften. Schluss mit Dauerkipp, verlege dich lieber auf das Stoßlüften ein paar Mal am Tag. Denn gekippte Fenster bringen wenig für den Luftaustausch, lassen aber dafür die Wände auskühlen. Dreimal pro Tag stoßlüften ist das absolute Minimum, um Schimmelbildung vorzubeugen. Das gilt aber nur für Tage, an denen wir tagsüber außer Haus sind. Am Wochenende ist es besser, fünf- bis sechsmal stoßzulüften, rät das Internetportal Energie-Fachberater.de. Während das Fenster offen ist, drehst du das Thermostatventil herunter.

Ist die Außenluft richtig kalt, tauscht sie sich schneller aus. Deshalb reichen von Dezember bis Februar fünf Minuten am Stück, im März und November zehn Minuten, im April und Oktober 15 Minuten. Ist es draußen wieder warm, lässt du die Fenster und Türen einfach so lange auf, wie es dir gefällt.

Schritt 4: Freiheit für die Heizung! Steht etwa ein Sofa davor oder hängt auch einfach nur eine Gardine ungünstig davor, kann sich die Heizwärme nicht gut im Raum verteilen, und deine Heizung arbeitet mehr, als sie eigentlich müsste. Achte darauf, dass der Thermostat nicht verdeckt ist.

Schritt 5: Hinter der Heizung dämmen. Eine Extra-Isolationsschicht direkt zwischen Wand und Heizung mildert die Wärmeverluste an dieser Stelle. Eine entsprechende Dämmplatte findest du kostengünstig im Baumarkt. Lass dich dort beraten, um die richtige Dämmplatte für deinen Bedarf zu finden. Du kannst sie dann selbst auf die richtige Größe zuschneiden.

Schritt 6: Fenster und Türen abdichten. Die Dichtungen im Rahmen werden mit der Zeit porös. Das kann den Winter richtig teuer werden lassen. Keine Sorge, du musst meist nicht gleich den Handwerker rufen. In vielen Fällen reicht schon ein Schaumstoff- oder Gummidichtungsband (Profildichtungsband), mit dem du die Spalten auffüllst.

Schritt 7: Heizung entlüften. Eingeschlossene Luft mindert die Heizleistung und führt so zu einem höheren Energieverbrauch. Du erkennst das zum Beispiel daran, dass nur der untere Teil des Heizkörpers warm wird oder komische glucksende Geräusche auftreten. Schließe den Thermostat, und schaue an das andere Ende der Heizung. Dort findest du das Entlüftungsventil. Drehe es nur so weit auf, bis die Luft zischend herausströmt. Sobald Wasser kommt, schnell wieder zudrehen. Am besten stellst du vorher einen Eimer darunter, um austretendes Wasser aufzufangen. Am besten gewöhnst du dir einen jährlichen Routinecheck an, immer dann, wenn die neue Heizperiode beginnt.

Schritt 8: Zeitschaltung: Eine automatische Heizsteuerung ist genial: Du programmierst sie so, dass sie nachts die Temperatur von allein herunterfährt und morgens eine halbe Stunde vor dem Aufstehen die Wohnung auf normale Betriebstemperatur aufheizt. So kommst du gleich morgens in ein muckelig-warmes Badezimmer. Gehst du dann zur Arbeit, dürfen die Räume gern zwei Grad weniger haben. Eine halbe Stunde vor Feierabend reguliert die Steuerung deine Heizung wieder auf Wohlfühltemperatur. Durch einen programmierbaren Thermostat kannst du etwa zehn Prozent der Heizkosten sparen, so das Portal »CO_2online«, das zudem Tipps zum einfachen Einbau gibt.

HAUSEIGENTÜMER KÖNNEN BIS ZU 80 PROZENT IHRER CO_2-EMISSIONEN (UND GELD) DURCH EINE GUTE WÄRMEDÄMMUNG UND MODERNE HEIZUNGSANLAGEN SPAREN.

WELCHE ART DER HEIZUNG IST DIE BESTE?

Fangen wir mal andersherum an: Eine Nachtspeicher- oder Stromheizung ist das Schlimmste. Sie verursacht etwa doppelt so viele CO_2-Emissionen wie eine Öl- oder Gasheizung. In Geld ausgedrückt: In einer 70-m^2-Wohnung mit Nachtspeicherheizung zahlen Mieter im Schnitt 1760 Euro nur fürs Heizen, während bei einer Gasetagenheizung die Kosten bei nur 810 Euro (Heizöl 980 Euro) liegen, so die Beratungsgesellschaft »CO_2online«. Weil Nachtspeicherheizungen so furchtbar ineffizient sind, sah ein Gesetz von 2009 ihren stufenweisen Abbau vor. Das wurde allerdings 2014 wieder gestrichen. Mieter mit Nachtspeicherheizung können also nur auf den guten Willen der Hauseigentümer hoffen. Oft bleiben die Mieter also leider weiter auf dem Energieverschwender sitzen.

Bei uns zu Hause haben wir bis vor Kurzem Standard-Erdgas zum Heizen benutzt. Dann habe ich entdeckt, dass es eine viel bessere Lösung gibt! Denn eine Handvoll Energieversorger in Deutschland bietet 100 Prozent Ökogas an. Das wird beispielsweise beim Anbieter »Polarstern« auf der Grundlage von Zuckerrübenschnitzeln gewonnen, die als Abfall bei der Zuckerproduktion anfallen. Das kostet nur etwa vier Prozent mehr als Erdgas aus fossilen Quellen und ist eine absolut erneuerbare Energie. Das Heizen wird dadurch laut »Polarstern« sogar fast CO_2-neutral! Also mich hat's überzeugt – schau doch einmal, ob es so eine Option in deiner Region gibt!

MÖCHTEST DU WISSEN, WO DU MIT DEINEM HEIZVERBRAUCH STEHST? UNTER HEIZSPIEGEL.DE FINDEST DU WERTE IM BUNDESWEITEN VERGLEICH.

FÖRDERST DU FRACKING?

Leider wird ein Teil des kommerziellen Erdgases mittlerweile auch per Fracking gewonnen. Vielleicht hast du schon mitbekommen, dass es sich hierbei um ein hochbrisantes Thema handelt, über das sich viele Leute aufregen. Denn beim Fracking wird Bohrwasser mit Sand und giftigen Chemikalien versetzt und in die Erde gepumpt. Das heißt dann Fracfluid. »Unter den verwendeten Chemikalien finden sich auch solche, die als gesundheitsgefährdend, ätzend, umweltgefährdend und giftig klassifiziert sind«, schreibt das Umweltinstitut München auf seiner Informationsseite. In den USA, wo Fracking schon relativ häufig eingesetzt wird, seien zudem schwere Umweltschäden zu beobachten. Die Gefahr von Erdbeben sei durch Fracking erhöht. Die Universität Innsbruck fügt hinzu, dass Fracking die Luft mit gesundheits- und klimaschädlichen Gasen belastet. Ganz besonders blöd ist es, wenn

CHALLENGE: UMWELTFREUNDLICHE WÄRME

LEVEL 1 **Setze in der nächsten Heizperiode die acht vorgestellten Sparschritte um.**

LEVEL 2 **Falls du mit Gas heizt, wechsle nach Möglichkeit zu einem Ökogasanbieter.**

Fracfluid ins Grundwasser gerät, etwa durch das aufgesprengte Gestein. Dann ist das Grundwasser nicht mehr trinkbar. So waren beispielsweise in Pennsylvania 13 Quellen mit Methan, Arsen, Barium, Phenolen und weiteren Chemikalien verseucht, die höchstwahrscheinlich von nahen Fracking-Aktivitäten stammten. In den betroffenen Gebieten der USA müssen die Leute nun mit Wasserwägen beliefert werden – wieder eine Belastung mehr fürs Klima. Durch die so entstandenen Risse kann sich Methan dort anreichern. Das hat in den USA schon zu plötzlichen Explosionen geführt. »Teils führte das Leitungswasser so viel Gas, dass es mit einem Feuerzeug angezündet werden konnte«, schreibt das Umweltinstitut München.

Fracking ist in Deutschland zwar nicht erlaubt, aber es werden ja auch nur rund sieben Prozent des Erdgases in Deutschland gefördert, Tendenz sinkend. Das Erdgas, das wir in Deutschland verbrauchen, kommt vor allem aus Russland. Und dort werden die Fracking-Aktivitäten leider gerade verstärkt.

INSPIRIERENDE PROJEKTE FÜR DIE ZUKUNFT

Überall in Deutschland tun sich Menschen zusammen, um mehr oder weniger autark ihren eigene, umweltfreundliche Energie zu produzieren. Oftmals passiert das im Rahmen kleiner Dörfer und Gemeinden:

♥ Im Ökodorf Sieben Linden in Sachsen-Anhalt bemühen sich etwa 150 Einwohner um einen möglichst geringen CO_2-Ausstoß. Strom und Wärme werden hier über Solaranlagen und Stückholzöfen erzeugt. Hinzu kommen optimal gedämmte Häuser.

♥ Im Thüringer Bio-Energiedorf Schlöben liefern 420 Kühe den nötigen Mist für die Biomasse, aufgrund derer die Einwohner hier ihre Energie gewinnen. Hinzu kommen lediglich Holzschnitzel aus der Landschaftspflege.

♥ Im niedersächsischen Bio-Energiedorf Jühnde stammt der Strom aus Solar-, Wind- und Bio-Masseenergie, die Wärme entsteht aus Kraft Wärme Kopplung. Die funktioniert so ähnlich wie der Motor bei einem Auto. Wärmeenergie, die durch Bewegungsenergie freigesetzt wird, geht bei diesem Konzept nicht verloren, sondern wird für die Heizung genutzt.

♥ Auch die Gemeinde Furth bei Landshut versucht, ihren Energiebedarf zu hundert Prozent aus regenerativen Energien zu decken. Dazu gehören Solaranlagen, Bio-Gasanlagen und ein Hackschnitzelwerk. Furth wurde von der EU als Modellgemeinde ausgezeichnet und erhielt zudem den Deutschen Nachhaltigkeitspreis.

UMWELTFREUNDLICHER ARBEITEN

COMPUTER & CO.

Ein Drittel unseres Lebens verbringen wir am Arbeitsplatz – oder im heimischen Arbeitszimmer. Die meisten von uns sitzen dazu heutzutage hauptsächlich am Computer. Die gute Nachricht: Auch da können wir richtig viel Strom sparen.

Zwei Faustregeln scheinen fast immer zu gelten: Ältere Computer benötigen mehr Strom als neuere. Und Laptops beziehungsweise Notebooks sind sparsamer als PCs. Das liegt daran, dass sie entsprechende Bauteile in sich tragen, um die Akkulaufzeit zu erhöhen. Sie kommen im Schnitt mit 50 bis 70 Watt aus, manche schon mit 30 Watt – ihre großen Brüder fressen schon mal 200 bis 300 Watt oder sogar noch mehr. Das macht einen Unterschied von bis zu 130 Kilo CO_2 pro Jahr. Für einen Desktop-PC spricht eigentlich nur etwas, wenn du dringend eine entsprechende Rechenleistung brauchst. Für Word, Excel und ein bisschen Surfen im Internet ist das aber definitiv nicht der Fall.

Ansonsten beeinflussen vor allem folgende Variablen den Stromverbrauch: der Prozessor, die Grafikkarte und der Monitor. Fangen wir mal rückwärts an: Alte Röhrenmonitore verbrauchen 50 bis 70 Prozent mehr als moderne TFT-Monitore. Außerdem sind Flachbildschirme eh viel schicker und praktischer. Die Ausstattung sollte zu deinen Bedürfnissen passen. Wenn du deinen Rechner nur für Bürotätigkeiten benutzt, brauchst du keine extra High-End- beziehungsweise Gaming-Grafikkarte, die gut und gern 100 Watt zusätzlich ziehen kann. Du würdest dir ja auch keinen Sportwagen kaufen, wenn du nur bis ins Nachbardorf zum Bäcker damit fährst, oder? In Sachen Prozessor lässt du dich vor einem Kauf am besten von einem Fachmann beraten. Schildere ihm genau dein Nutzungsverhalten, und erwähne, dass du am Stromsparen interessiert bist. Es gibt mittlerweile Prozessoren mit entsprechenden Funktionen. Die heißen dann zum Beispiel »cool n quiet«. Die können dir leicht 50 Euro Stromkosten im Jahr sparen. Du kannst außerdem mit folgenden Schritten deinen Stromverbrauch merklich reduzieren:

Schritt 1: Helligkeit runter. Strahlt dich dein Monitor ständig auf voller Stärke an, ermüden nur deine Augen schneller. Also runter mit der Hintergrundbeleuchtung, länger durchhalten und gleichzeitig sparen.

Schritt 2: Weg mit dem Bildschirmschoner. Die wurden eigentlich nur für die alten Röhrenmonitore erfunden, damit sich dort das Bild nicht mit der Zeit einbrennt, wenn sie länger nicht benutzt werden. Weil dieses Problem bei modernen TFT-Monitoren aber nicht mehr existiert, kannst du getrost auf den Bildschirmschoner verzichten. Der zieht nämlich nur unnötig Rechenleistung und damit eben auch Strom.

Schritt 3: Kein Stand-by! Der Ruhemodus macht nur dann Sinn, wenn du kurz mal vom Platz aufstehst. Ihn stundenlang laufen zu lassen, während du außer Haus bist – oder gar über Nacht –, spart dir zwar ein paar Minuten des Hochfahrens, doch das bezahlst du mit 0,5 bis 5 Watt Strom. Über das Jahr gerechnet, läppert sich das.

Schritt 4: Den USB-Stecker ziehen. Kaum zu glauben, aber so ein kleiner USB-Stick, der dauernd in deinem Rechner steckt, erhöht schon den Stromverbrauch. Gleiches gilt für eine externe Festplatte, deinen Drucker, Scanner und andere Geräte. Bei allem, was du also nicht gerade benutzt, gilt: einfach ausstecken.

Schritt 5: Unnötige Prozesse stoppen. Das macht deinen Computer praktischerweise gleich noch schneller. Deshalb hin und wieder in den Taskmanager schauen. Wie das genau geht, siehst du am besten bei Online-Computermagazinen nach. Findest du dabei automatisch gestartete Programme, mit denen du gar nichts anfangen möchtest, kannst du sie zum Beispiel leicht mit dem Programm »CCleaner« aus dem Autostart entfernen. Merke: Weniger Prozessorauslastung = weniger Stromverbrauch.

NACHHALTIGE BÜROAUSSTATTUNG

Mittlerweile gibt es Tastaturen und Mäuse aus Bambus-Vollholz, die megaschick aussehen, sich gut anfühlen und natürlich Plastik sparen. Sie sind wasserdicht beschichtet und haben dadurch eine lange Lebenszeit. Achte doch ebenso darauf, Stifte und Kugelschreiber aus Holz zu kaufen. Die werden oft in deutschen Manufakturen aus FSC-Holz hergestellt. Bei Bedarf kaufst du dann nur die Minen nach.
Um deine Gelenke zu entlasten, kannst du Tastatur- und Mauskissen mit Füllungen aus Bio-Dinkel oder Bio-Hirse verwenden. Die passen sich perfekt deinem Handgelenk an. Mousepads kannst du zum Beispiel aus Recyclingleder erstehen, die aus pulverisierten Verschnittresten der Lederproduktion gemacht werden. Zusammen mit Naturkautschuk werden sie zu einem neuen Fasermaterial verarbeitet.

Unter den Bürostühlen gibt es Modelle, die Cradle-to-Cradle zertifiziert sind. Das heißt, dass sie gesunde Materialien verwenden, die dem Kreislauf wieder zugeführt werden können, erneuerbare Energien nutzen und für faire Arbeitsbedingungen in ihrem Unternehmen sorgen.

DIY: REGALE AUS ALTEN OBSTKISTEN BAUEN

EIN BISSCHEN VINTAGE, EIN BISSCHEN SHABBY CHIC: AUS AUSGEDIENTEN OBST- ODER WEINKISTEN LASSEN SICH REGALE PASSGENAU UND INDIVIDUELL SELBST ZUSAMMENSCHRAUBEN. WENN DU KLEINE WINKEL BENUTZT, WIRD DAS REGAL BELASTBARER FÜR DEINE BÜCHER UND AKTEN. AUCH WENN DU SONST EHER NICHT SO DER HANDWERKER BIST: DAS KANN WIRKLICH JEDER!

CHALLENGE: CO_2-SPAREND ARBEITEN

LEVEL 1 Setze mindestens vier der fünf vorgestellten Schritte zum Stromsparen am Rechner um.

LEVEL 2 Besorge dir, aufbauend zu Level 1, ein Solarladegerät für unterwegs.

SOLARPANEL – SAFT FÜR UNTERWEGS

Super für unterwegs sind Solarladegeräte. Mit denen bist du vollkommen unabhängig von Steckdosen und kannst deinen Laptop auch zum Wandern mitnehmen. Das könnte zum Beispiel interessant sein, wenn du unterwegs bloggen möchtest.

Tipp für den Kauf: Je größer das Solarpanel, desto schneller lädt es. Bei einem zu kleinen Solarpanel kann dir ein wolkenverhangener Himmel hingegen schon einmal zum Verhängnis werden. Ein Solarladegerät für Smartphones wird dich in der Regel mit deinem Laptop nicht weiterbringen, da brauchst du schon etwas Größeres. Dabei kann es praktisch sein, wenn es flexibel und faltbar ist, damit es ins Gepäck passt. Achte aber darauf, dass das Solarladegerät nicht zu schwer ist, schließlich willst du dich ja nicht kaputtschleppen. Bevor du schließlich damit losziehst, stelle sicher, dass die nötigen Anschlussmöglichkeiten vorhanden sind. Bei einigen Solarpaneln braucht man beispielsweise für das iPad einen speziellen Adapter. Andere haben alle Optionen integriert. Kleine Solarpanels findest du im Internet ab etwa 80 Euro, eine Solarpowerbank fürs Handy sogar schon ab 50 Euro. Solarpanels gibt es mittlerweile sogar eingearbeitet auf Rucksäcken oder der Oberfläche von Rollkoffern. Surf mal rum, und mach dich schlau!

PAPIER SPAREN IM BÜRO

Inzwischen ist es eine Selbstverständlichkeit, man kann sich die Menschheit kaum ohne vorstellen. Doch Papier wurde erst 200 v. Chr. in China erfunden. Und erst im Jahr 1450 erfand Gutenberg die Druckerpresse – die Voraussetzung dafür, dass du heute dieses Buch in den Händen hältst. Seitdem ist allerdings sehr viel produziert und gedruckt worden. Umso wichtiger, dass das Papier aus verantwortungsvoller Forstwirtschaft stammt oder je nach Zweck recycelt ist.

Denn ansonsten läufst du Gefahr, Papier zu benutzen, das aus frisch abgeholzten Regenwäldern stammt. In Indonesien, aber auch in Südamerika, arbeitet die Papier- mit der Palmölindustrie Hand in Hand, das berichtet die Umweltschutzorganisation »Rettet den Regenwald e. V.«. Erst kommen die Holzfäller, und nach dem Kahlschlag werden die Reste weggebrannt. Mit dem Regenwald schwindet der Lebensraum der Orang-Utans und vieler weiterer Tiere, Gewässer werden verschmutzt und Menschen aus ihrem Wald vertrieben. Auf diese Verwüstung werden dann die Palmölplantagen gesetzt (→ Seiten 52 und 179). Die vertriebenen Menschen, die einst im Einklang mit der Natur lebten, müssen dann dort ihren Lebensunterhalt als billige Arbeiter verdienen.

Etwa die Hälfte des Materials für Papier, das hier benutzt wird, kommt zwar aus Skandinavien (hauptsächlich aus Finnland), doch in den Wäldern dort leben zum Beispiel Braunbären und Luchse, die mit den Wäldern ihre Heimat verlieren. Ein weiterer großer Teil des Materials (Zellstoff) kommt aus Kanada, wo sogar in Schutzgebieten für Grizzlybären abgeholzt wird. Mit diesem Wissen im Kopf liest sich noch trauriger, was »Rettet den Regenwald« sonst noch zu berichten weiß. So sind wir in Deutschland tatsächlich Weltmeister im Papierverbrauch – schon wieder so ein Titel, den keiner haben will. Jeder Deutsche verbraucht demnach rund 230 Kilo Papier pro Jahr. Zum Vergleich: Der brasilianische Verbrauch liegt bei nur 40 Kilo pro Person und Jahr.

Es gibt zwei Wege, nachhaltiges Papier zu konsumieren. Zum einen, indem du Recyclingpapier kaufst. Das trägt dann auf jeden Fall das Siegel mit dem Blauen Engel. Das steht auch dafür, dass bei der Herstellung kein Chlor und keine schwer abbaubaren Stoffe eingesetzt wurden.

Papier aus Frischfasern sollte FSC-zertifiziert sein. Das Zeichen der internationalen Nichtregierungsorganisation »Forest Stewardship Council®« (FSC) steht auf Produkten, die aus kontrollierter verantwortungsvoller Waldwirtschaft stammen. Soziale und ökologische Mindestanforderungen stellen sicher, dass das Holz nicht im Zusammenhang mit sozialer Ausbeutung oder illegalen Rohdungen steht. Weil Recycling aber am meisten den Wald schont, gibt es auch das FSC Recycelt Siegel für Produkte aus Recycling. Das Siegel PEFC weist als eine Art »Wald-TÜV« in dieselbe Richtung – Holz und Holzprodukte mit dem PEFC-Siegel stammen nachweislich aus ökologisch, ökonomisch und sozial nachhaltiger Forstwirtschaft. Zwei Drittel der deutschen Wälder sind PEFC-zertifiziert, weltweit bereits über 300 Millionen Hektar Wald (Schwerpunkte in Nordamerika und Europa).

An dieser Stelle möchte ich meine Dankbarkeit an den Verlag ausdrücken, der für dieses Buch ein ganz besonders umweltfreundliches Papier bereitgestellt hat: Apfelpapier. Ja, du liest richtig! Zur Herstellung wurden Apfelreste hergenommen, die mit Zellstoff zu Papier gemacht wurden. Die Druckfarbe, die du hier siehst, besteht aus Lebensmittelfarben. Zudem wurde das Buch klimaneutral über das »natureOffice-Verfahren« produziert. Dieses Buch können wir also guten Gewissens in den Händen halten. Es ist ganz sanft zur Umwelt.

GRÜNER BUCHHANDEL

WENN DU BEIM BÜCHERKAUF IN ZUKUNFT ETWAS FÜR DIE UMWELT TUN MÖCHTEST, KAUFE SIE ZUM BEISPIEL BEI ECOBOOKSTORE.DE. HIER FINDEST DU DAS GESAMTE ÜBLICHE SORTIMENT MIT 10,6 MILLIONEN BÜCHERN, E-BOOKS, E-READERN, MUSIK, FILMEN UND SPIELEN. WENN WIR DORT EINKAUFEN, UNTERSTÜTZEN WIR GLEICHZEITIG DEN KLIMASCHUTZ. DAS FAMILIENUNTERNEHMEN »MACADAMU« AUS DEM WESTALLGÄU BETREIBT DIESEN ECO-BOOKSTORE. SIE PRODUZIEREN MIT IHRER FOTOVOLTAIKANLAGE IHREN EIGENEN SOLARSTROM UND VERMEIDEN DADURCH DURCHSCHNITTLICH 25 TONNEN KOHLENDIOXID PRO JAHR. ZUDEM SIND SIE GROSSE UNTERSTÜTZER DER ORGANISATION »RETTET DEN REGENWALD«.

PAPIER SPAREN BEIM DRUCKEN

Ein gänzlich papierloses Büro? Das funktioniert nur selten. Aber jedes bisschen, das wir sparen, hilft.

Schritt 1: Muss es wirklich ausgedruckt werden? Unterlagen aus Meetings, wie das Protokoll oder die Präsentation, können meist einfach als PDF-Datei verschickt werden. Das ist oft auch praktischer für die Kollegen, weil sie schneller abzurufen ist. Wer unbedingt einen Ausdruck möchte, kann ihn ja immer noch anfordern. Warum PDF? Weil dann erstens nicht jeder ungefragt darin herumpfuschen kann, sondern Korrekturen und Anmerkungen durch den anderen sichtbar sind, dein Originaldokument aber von den anderen nicht verändert werden kann. Und das PDF-Format ist mit allen Betriebssystemen auf allen Endgeräten lesbar. Oder du faxt etwas papierlos, direkt vom Computer. Wenn du darüber nachdenkst, etwas auszudrucken, nur um es zu archivieren – überlege, ob das nicht auch auf einem USB-Stick möglich ist. Den kannst du übrigens bei Bedarf deinem Kollegen überreichen.

Schritt 2: Das Dokument prüfen. Nichts ist ärgerlicher als ein Fehldruck, denn der verschwendet Papier und Toner und landet gleich wieder im Papierkorb. Nimm dir also die Zeit, noch einmal in Ruhe durchzulesen, was du gleich ausdrucken willst, prüfe, ob alle Inhalte drin und in der richtigen Reihenfolge sind, und merze alle Rechtschreibfehler schon vorher aus.

Schritt 3: Recyclingpapier wählen. Wusstest du, dass es sogar Fotopapier mit glänzender Oberfläche in Recyclingqualität gibt? Und das lohnt sich – für alle Zwecke. Denn für ein Kilo neues Kopierpapier aus sogenannten Primärfasern werden rund 50 Liter Wasser und 5 Kilowattstunden an Energie verbraucht. Die Produktion von Recyclingpapier benötigt dagegen nur ein Drittel der Wassermenge und die Hälfte der Energie.

Schritt 4: Nur eine Auswahl ausdrucken. Bei langen Schriftstücken ist es oft nicht nötig, das ganze Dokument zu drucken. Wähle einfach den Teil aus, um den es wirklich geht, und spare unzählige sinnlos ausgedruckte Seiten.

Schritt 5: Verwende das Papier noch mal. Oft liegt einseitig bedrucktes Papier herum, das wir eigentlich nicht mehr brauchen. Wenn wir nur etwas für unsere eigenen Unterlagen haben wollen, können wir den Text einmal groß durchstreichen. Dann das Papier andersherum in den Drucker stecken und die frische Seite für deine neuen Notizen und Konzepte nutzen.

Schritt 5: Drucke doppelseitig. Sind die Unterlagen nur für dich oder für deine direkten Kollegen? Gerade bei Protokollen und einer längeren E-Mail-Korrespondenz stört der beidseitige Druck nicht, und du sparst die Hälfte an Papier.

Schritt 6: Verkleinere die Schrift. Steht sie im Dokument beispielsweise auf Schriftgröße »12«, kannst du einfach alles markieren und sie auf Größe »11« oder gar »10« setzen. Je nach Umfang des Dokuments kannst du so wieder einige Seiten einsparen. Druckst du große Grafiken aus, kannst du zum Beispiel vier auf eine Seite drucken lassen. Die Funktion dazu heißt »mehr Seiten pro Blatt«.

Schritt 7: Muss die Grafik dabei sein? Oftmals haben die Bilder in Dokumenten nur wenig Aussagekraft, nehmen aber viel Platz ein und benötigen auch noch vicl Dru ckertinte. Überlege also, für eine Druckversion deines informativen Textes überflüssige Grafiken vorher herauszunehmen.

Schritt 8: Zusammenfassen. Lange Berichte können zu vielen Zwecken ebenso in wenigen Absätzen zusammengefasst werden. So zauberst du schnell einmal aus 20 Seiten eine einzige. Wenn deine Kollegen den Gesamtbericht einsehen wollen, können sie diesen extra bei dir bestellen.

PAPIER SPAREN IM ALLTAG

Laut WWF werden pro Stunde weltweit Waldflächen in der Größe von 500 Fußballfeldern für die Herstellung von Papierprodukten zerstört. Dazu möchten wir doch nicht beitragen! Lasst uns deshalb sparen, so viel wir können.

Schritt 1: Keine Werbung! Laut »Statista« gelangen jedes Jahr über 56 Kilo Werbepost in den Briefkasten eines einzigen deutschen Haushalts. Insgesamt sind das über zwei Millionen Tonnen Papier, von denen der Großteil ungelesen im Müll landet. Klebe also einen entsprechenden Aufkleber auf den Briefkasten, um die Flut an Reklame einzudämmen. Adressierte Werbung schickst du mit dem Vermerk »Annahme verweigert« zurück. Wetten, dass du von dem Unternehmen danach nichts mehr hörst? Lass dich zudem in die »Robinsonliste« eintragen (robinsonliste.de), um ungebetene Werbesendungen und Telefonanrufe abzuwehren. Unter werbestopper.de kannst du selektiv darüber entscheiden, welche Werbung du erhalten möchtest und welche nicht.

Schritt 2: Schaffe deinen eigenen Lesezirkel. Abonniere Zeitschriften mit mehreren Freunden zusammen, und reicht sie im wöchentlichen Turnus herum.

Schritt 3: Bestelle unnötige Kataloge und Zeitungen ab. Wenn du sie eh jeden Tag nur lustlos durchblätterst und überfliegst, kannst du dir die Infos zu deinen Themen auch online holen. Lass dich dabei aber nicht von einer Bezahlschranke abschre-

GREIFE ZUM STOFFTASCHENTUCH

40.958 PAPIERTASCHENTÜCHER VERBRAUCHT EIN MENSCH IN DEUTSCHLAND IM LAUF SEINES LEBENS – SO VIEL WIE FÜNF BADEWANNEN VOLL. GÖNNE DIR LIEBER EIN PAAR HÜBSCHE STOFFTASCHENTÜCHER, DIE DU NACH GEBRAUCH EINFACH IN DIE WÄSCHE GIBST.

CHALLENGE: PAPIER SPAREN

LEVEL 1 **Insgesamt habe ich dir hier 14 Schritte vorgestellt. Wähle mindestens fünf davon aus, und setze sie um.**

LEVEL 2 **Wenn du am Schreibtisch arbeitest, versuche, mindestens zehn der Schritte umzusetzen.**

cken. Denk daran, dass Journalisten von irgendetwas leben müssen und dass wir keinen Qualitätsjournalismus mehr erwarten können, wenn keiner mehr bereit ist, dafür zu zahlen. Also – mach ein Abo. Online.

Schritt 4: Tausche Bücher. Oder verleihe sie, wenn du dich nicht dauerhaft davon trennen magst. Am besten legst du dir eine Liste an, welches Buch gerade bei wem ist. Sonst können du oder deine lesende Freundin leicht den Überblick verlieren.

Schritt 5: Rege in der Schule Rundmails an. Die unsäglichen Elternbriefe, die gern mal zerknüllt im Ranzenchaos untergehen, sind nicht mehr zeitgemäß. Mittlerweile leben ja viele Elternpaare getrennt. Gibt es nur den einen Papierausdruck, bleibt einer oft uninformiert. Das führt zu einem Nachteil für das Trennungskind. Ein Verteiler mit allen Eltern der Schüler aus einer Klasse behebt elegant das Problem und spart viel Papier.

Schritt 6: Onlinerechnungen. Lasse dir von möglichst vielen Firmen die Rechnungen per Mail schicken. Wenn du selbstständig bist, kannst du das genauso machen, per PDF. Ein ganz ausgeklügeltes Buchhaltungssystem mit Rechnungsversand findest du unter debitoor.de. Damit kannst du deine gesamte Buchhaltung digital abwickeln, und dir wird auch noch angezeigt, ob dein Kunde bereits die Rechnung angeschaut hat oder noch nicht.

GARTEN UND BALKON

GRÜN IST DIE FARBE DER HOFFNUNG

Jedes Jahr im Frühling, wenn die ersten Sonnenstrahlen auf der Haut kitzeln und kleine Knospen zaghaft das Licht suchen, erwacht die Natur zu neuem Leben. Wir gehen raus, zu Fuß oder mit dem Fahrrad durch den Park, atmen den Duft der ersten Blüten ein, die sich gerade geöffnet haben. Es ist eine magische Zeit, das immer wiederkehrende Wunder des Lebens. Solange wir es nicht kaputt machen.

Heutzutage gibt es Umfragen mit Schulkindern, die keine Ahnung haben, wo und wie das in Plastik eingeschweißte Gemüse möglicherweise gewachsen ist. Falls sie es überhaupt richtig benennen können. Wir entfremden uns immer mehr von der Natur. Einer der einfachsten Wege, um sich wieder neu mit ihr zu verbinden, ist meiner Meinung nach, selbst etwas anzupflanzen. Geht nicht, gibt's dabei nicht. Wenn du keinen Garten oder Balkon hast, könntest du einen Schrebergarten anmieten. Gibt es auch den nicht in deiner Nähe, könntest du dich an einem nachbarschaftlichen Gemeinschaftsgarten beteiligen. So bringt ihr gemeinsam mehr Natur in die Stadt, netter Austausch mit Gleichgesinnten inklusive.

Ist das alles keine Option, nutze deine Fensterbank, oder stelle ein paar Töpfe vor ein großes Fenster. Gemüse wie Tomaten und Bohnen kannst du nämlich sogar in der Wohnung ziehen, Kräuter und Salate sowieso. Es gibt nichts Befriedigenderes, als die Früchte deiner Arbeit im wahrsten Sinne des Wortes wachsen zu sehen. Und nichts Leckereres.

INSEKTEN RETTEN MIT DEM EIGENEN GARTEN

Auch wenn es sich zunächst vielleicht anders anfühlt: Insekten sind unsere Freunde. Mehr noch: Sie sind unverzichtbare Helfer. Denn ohne sie würde fast nichts mehr laufen. Rund ein Drittel unserer Lebensmittel wachsen nämlich nur, wenn Insekten sie bestäuben. Du ernährst dich gern gesund? Ohne Insekten müsstest du unter anderem auf Äpfel, Nüsse, Beeren, Kirschen, Brokkoli, Spargel und vieles mehr verzichten.

Umso schlimmer trifft uns diese Nachricht: Tatsächlich hat die Zahl der heimischen Insekten seit 1982 um 80 Prozent abgenommen. Fast jede zehnte Bienen- und Schmetterlingsart ist laut der Europäischen Roten Liste vom Aussterben bedroht, etwa die Hälfte sind gefährdet. Das macht Angst, denn tatsächlich könnte das schlimmstenfalls dazu führen, dass irgendwann in nicht allzu ferner Zukunft unser Ökosystem kollabiert. Schon heute gibt es Obstfarmen in China, wo menschliche Arbeiter mangels Insekten jede Blüte einzeln per Hand bestäuben. Was das mit den Kosten für Lebensmitteln hier machen würde, können wir nur erahnen. Weil die EU-Kommission die Dimension des Problems erkannt hat, ruft sie derzeit bis zum 5. April 2018 zu öffentlichen Konsultationen auf. Landwirte, Unternehmen, aber auch jeder Bürger, der möchte, darf und soll seine Ideen zur Rettung der Bestäuber einbringen.

DIY: INSEKTENHOTEL BAUEN

Schnappe dir ein paar alte Paletten (die verschenken zum Beispiel viele Firmen im Gewerbegebiet außerhalb deiner Stadt, alternativ tun's alte Obst- oder Weinkisten), und staple sie im Garten aufeinander. Eine Seite sollte möglichst vollsonnig aus-

FINDE DEINEN GEMEINSCHAFTSGARTEN

GÄRTEN ZUM TEILEN GIBT'S UNTER GARTENPATEN.DE, EINEN ACKER FÜR GEMÜSE KANNST DU UNTER ACKERHELDEN.DE ODER MEINE-ERNTE.DE MIETEN, TEILS AUCH VORBEPFLANZT.

gerichtet sein, das ist wichtig für die Wildbienen.

Nun kannst du verschiedene »Zimmer« in deinem Hotel einrichten – so abwechslungsreich wie möglich: Mit Zweigen, Rindenstücken, Tannenzapfen. Denn unterschiedliche Gäste haben unterschiedliche Ansprüche. Stroh mögen zum Beispiel Florfliegen sehr gern. Weil sie es auch lieber schattig haben, kommt diese Nisthilfe in die sonnenabgewandte Seite.

Mit Ton aus dem Bastelladen oder Baumarkt kannst du alte Töpfe füllen. Vor dem Aushärten bohrst du mit einer Stricknadel ein paar Löcher hinein – Insekten lieben so etwas. Wenn du einen Bohrer zur Verfügung hast, kannst du in Baumscheiben oder dickere Äste Löcher bohren – am besten in verschiedenen Stärken und mindestens sechs bis zehn Zentimeter tief.

Achtung: Manchmal werden im Handel Glasröhrchen für Insektenhotels angeboten, durch die du dann die Wildbienen beobachten können sollst. Sie sind keine gute Idee, denn sie können schnell verpilzen! Bleib lieber bei Naturmaterialien. Die Zwischenräume zwischen den einzelnen »Zimmern« kannst du mit zusammengerollter Wellpappe auskleiden. Damit das Regenwasser gut ablaufen kann, braucht dein Insektenhotel schließlich noch ganz oben schräg aufgestellte Dachziegel oder Dachpappe aus dem Baumarkt.

Eine Videoanleitung zum Bau eines Insektenhotels stellt der NABU auf seiner Internetseite bereit.

MUT ZUR FARBE!

Durch den massenhaften Gebrauch von künstlichen Spritzmitteln und Monokulturen haben wir Menschen den Insekten großen Schaden zugefügt. Jedes Jahr werden fast 50.000 Tonnen Pestizide auf deutschen Felder versprüht. Auch die typisch deutsche, fast zwanghafte Ordnung

AM BESTEN BENUTZT DU FÜR DEINE WILDBLUMENWIESE REGIONALE SAATMISCHUNGEN AUS LOKALEN BESTÄNDEN. BEZUGSADRESSEN DAZU FINDEST DU UNTER NABU.DE/SAATGUT.

in unseren Gärten tut den kleinen Lebewesen nicht gut. Für sie gilt: Je bunter, desto besser! Dazu gehören artenreiche Wildblumenwiesen, Gräser, heimische Hecken und Sträucher, altes Mauerwerk und Holzhaufen. Wenn sie dann noch direkten Zugang zu Wasser haben, beispielsweise durch einen Teich oder eine Vogeltränke, sind sie im Paradies auf Erden.

Grundsätzlich gilt: Je naturnäher dein Garten, desto mehr hilfst du damit den Insekten. Lass doch die Nachbarn reden, wenn sie auf ihrem englischen Rasen neben asiatischen Gehölzen stehen, mit denen unsere Insekten nichts anfangen können. Du weißt, was du tust. Sollten sie dich einmal darauf ansprechen, kannst du ihnen ja freundlich anbieten, deine Erkenntnisse mit ihnen zu teilen.

WEG MIT DEN NEONICS!

Besonders bienenschädlich sind die sogenannten Neonicotinoide (auch »Neonics«), die als Insektizide beispielsweise auf Weizen gespritzt werden, um Getreideschädlinge abzuwehren. Landet eine Biene auf diesem Weizen, wird sie massiv geschwächt. Das belegen zahlreiche wissenschaftliche Untersuchungen. So hat eine Gruppe von Wissenschaftlern namens »Task Force on Systemic Pestici-

CHALLENGE: BIENEN FÜTTERN

LEVEL 1 **Lege eine kleine Kräuterzeile an, auf Terrasse, Balkon oder außen auf der Fensterbank.**

LEVEL 2 **Lege, aufbauend zu Level 1, ein paar bienenfreundliche Blumenkästen an.**

des« (TFSP) 800 anerkannte Studien über Neonics und Bienen ausgewertet. Sie fanden dabei »klare Beweise für die Schädlichkeit«.

Gerade wollte die EU die drei schlimmsten Neonics verbieten, doch sie stieß dabei auf massiven Widerstand der Agrochemieindustrie. Denn Neonics bringen jährlich 1,5 Milliarden US-Dollar Umsatz auf dem globalen Markt. Nun wartet die EU-Kommission auf eine Neubewertung der Europäischen Behörde für Lebensmittelsicherheit (EFSA).

Wenn du ein Insektenhotel anlegst, brauchst du Schädlinge ohnehin weniger zu fürchten. Denn dort ziehen vor allem Florfliegen, Marienkäfer und weitere kleine Helferlein ein, die Blattläuse und Mücken fressen. Viele Besucher deines Hotels sind zudem prima Bestäuber, sorgen also für eine ertragreichere Ernte. Dazu gehören die Wildbienen, die übrigens ungefährlicher sind als die gezüchteten Honigbienen. Der Stachel von Wildbienen ist nämlich so schwach, dass er unsere Haut nicht durchdringen kann. Außerdem bilden Wildbienen nicht gleich einen ganzen Staat mit Königin, sondern kommen ganz gut allein klar.

Hast du viele Insekten im Garten, kommen auch wieder mehr Vögel. Sie ziehen mit dieser für sie wertvollen Proteinquelle ihre Jungen groß. Wundere dich also nicht, wenn du plötzlich nicht nur Amseln und Tauben im Garten hast. Über die Insektenvielfalt freuen sich Haussperling, Wintergoldhähnchen, Buchfink, Feldlerche, Feldsperling und Goldammer – einige dieser Arten sind in den vergangenen Jahren zahlenmäßig stark dezimiert worden. Wir können helfen, sie wieder aufzubauen!

BIENENFREUNDLICHER BALKON

Küchenkräuter lieben Bienen so sehr wie wir, zum Beispiel Salbei, Rosmarin, Lavendel, Pfefferminze und Thymian. Dazu kannst du noch etwas Kapuzinerkresse setzen. Das sind hübsche, essbare Blüten, die nach Senf schmecken und jeden Salat verzieren können.

Achte bei den Blumen auf offene Blüten wie beispielsweise beim Goldlack, bei Verbenen oder Wandelröschen. In die glockenförmigen Löwenmäulchen krabbeln Bienen auch gern hinein. In einem großen Topf kannst du zudem eine Miniwildwiese anlegen.

BIO-PFLANZENPFLEGE

Giftige Spritzmittel im eigenen Garten wollen wir nun wirklich nicht. Brauchen wir auch nicht. Unkraut lässt sich mit der Hand jäten. Wenn du Salat anpflanzt, magst du vielleicht in einen Schneckenzaun investieren, damit die lieben Tierchen nicht alles anknabbern. Zum Düngen kannst du dir deine eigene Brennnesseljauche ansetzen. Die Bio-Brühe hält auch gleichzeitig Fraßfeinde von deinem Gemüse fern.

DIY: BRENNNESSELJAUCHE SELBST MACHEN

Sie ist fantastisch für Tomaten und Kürbisse: Einfach einen Eimer halb mit Regenwasser, halb mit abgeschnittenen Brennnesseln füllen. Am besten klappt's, wenn du die Blätter mit einer Rosenschere ganz klein schnippelst (Handschuhe anziehen!). An einen schattigen, überdachten Ort stellen und mit einem Gitter abdecken, damit Tiere nicht hineinfallen.

Drei Wochen lang einmal am Tag mit einem Stock umrühren, bis es schäumt. Irgendwann wird es nicht mehr schäumen. Dann ist die Jauche fertig. Für die Anwendung verdünnst du die Brühe mit Wasser, in einem Mischungsverhältnis 10:1.

Achtung: Du gießt sie nur am Pflanzenstamm in die Erde und nur vor der Blüte. Direkt über die Blätter gießt du sie nur, wenn du Blattläuse loswerden willst. Nach der Blüte kannst du eine Jauche aus Beinwell herstellen, nach demselben Prinzip.

Bonus: Weil diese Jauchen den Boden mit Nährstoffen anreichern, wird auch dein Gemüse auf diese Weise besonders gesund.

GEHEIMER GEGNER: GLYPHOSAT IM GARTEN

Auf die konventionelle Landwirtschaft wird kräftig geschimpft, weil sie das Spritzmittel Glyphosat verwendet. Was viele nicht wissen: Auch für den Kleingartengebrauch ist Glyphosat in der EU zugelassen – und steckt in einer Menge sogenannter Pflanzenschutzmittel, nicht nur in dem allseits bekannten »Roundup«. Eine Liste aller 46 betroffenen Produkte findest du beispielsweise auf den Internetseiten des NABU. Das Total-Herbizid soll lästiges Unkrautjäten ersparen, ist aber extrem toxisch für die Umwelt. Die meisten Wissenschaftler inklusive der Weltgesundheitsorganisation (WHO) gehen zudem davon aus, dass es krebserregend ist.

DAS GOLD DES GÄRTNERS: RICHTIG KOMPOSTIEREN

Es ist die perfekte Art, Küchenabfälle zu entsorgen und dem Boden frische Nährstoffe zuzuführen. Wer Komposterde benutzt, braucht kaum irgendwelchen Dünger (und wenn doch, kannst du zur selbst gemachten Jauche greifen, → Seite 167). So geht ökologisches Gärtnern.

Am besten stellst du deinen Komposter windgeschützt im Halbschatten auf. In einem sogenannten Thermokomposter geht's schneller als bei den Standardmodellen aus dem Baumarkt. Allerdings sind letztere aus Holz und die Schnellkomposter eben aus Plastik.

Die wichtigste Regel: Der Kompost wird schichtweise angesetzt. Ganz unten, direkt auf den Boden, kommen klein geschnittene Gartenabfälle wie Zweige, Rasenschnitt und Ähnliches. Fülle damit etwa 30 Zentimeter auf. Darüber gibst du fünf bis zehn Zentimeter Gartenerde, um den Kompost zu »impfen«, wie es in der Gärtnersprache heißt. Du führst ihm also auf diese Weise die notwendigen Mikroorganismen zu, um das Kommende zu zersetzen. Damit diese Mikroorganismen auch genügend Sauerstoff bekommen, streue ab und zu ein paar kleine Zweige in diese Schicht ein.

Nun kannst du darüber deine rohen Küchenabfälle geben. Achte darauf, eventuelle Plastiksticker von Apfel- und Bananenschalen zu entfernen. Reste von Zitrusfrüchten dürfen nur auf den Kompost, wenn sie Bio sind. Sie sind nämlich besonders heftig gespritzt, und diese Gifte wollen wir nicht in unserem Mutterboden haben. Wenn du konventionelle Zitrusfrüchte gekauft hast (lieber nicht!), gib die Reste in den Bio-Müll. Eierschalen können auf den Kompost, genau wie Tee- oder Kaffeesatz. Blumen aus dem Geschäft sind ebenfalls meist stark gespritzt. Wenn du hier Schnittblumen aus deinem Garten entsorgst, schneide vorher die Stiele klein. Dann geht's schneller mit dem Kompostieren.

Achtung: Die Reste deines gekochten Essens gibst du lieber in den Bio-Müll, vor allem, wenn sie auch noch Fleisch enthalten. Sonst hast du ganz schnell den Kompost voller Maden und anderer ungebetener Gäste. Auch Verschimmeltes gehört nicht auf den Kompost – das Problem wirst du unter Umständen fast gar nicht mehr los, wenn sich die Pilze dort erst einmal ausgebreitet haben.

Hat dein Komposthaufen durch die Küchenabfalle eine Höhe von etwa 1,20 Metern erreicht, »verschließt« du ihn mit Gartenabfällen. So beugst du lästigen Gerüchen vor.

Bis er ganz verrottet ist, können bis zu 12 Monate vergehen. Lockere ihn zwischendurch alle paar Monate mit einer Schaufel ein bisschen auf, dann geht es etwas schneller, weil die Mikroorganismen wieder mehr Sauerstoff bekommen.

Im Idealfall hast du nicht nur einen, sondern zwei Komposter im Garten. Dann kann die neue Kompostierung im zweiten Behälter ablaufen, während der erste in Ruhe seine Arbeit machen kann.

NOCH EIN PAAR TIPPS ZUR BEWÄSSERUNG

- Gieße deine Pflanzen in den Morgen- und in den Abendstunden. Dann verdampft das Wasser nicht so schnell, das ist schonender für sie.

- Mähe deinen Rasen nicht zu oft. Je kürzer er ist, desto schneller verdampft auch hier das Wasser.

- Nutze eine Regentonne mit Deckel, damit Tiere und Kinder nicht hineinfallen können.

- Statt den Rasensprinkler laufen zu lassen, gehe lieber mit dem Gartenschlauch herum.

CHALLENGE: GÄRTNERN IM EINKLANG MIT DER NATUR

LEVEL 1 **Bewässere deinen Garten sparsam, so, wie eben beschrieben.**

LEVEL 2 **Lege, aufbauend zu Level 1, einen Komposthaufen an.**

SAATGUT ERHALTEN

Wenn du gärtnerst, setze auch auf altes Saatgut, also Pflanzenarten, die selten geworden sind. Sollte es einmal zur Klimakatastrophe kommen, haben wir bei genetischer Vielfalt mehr Chancen, dass einige Pflanzen das Szenario überleben. Allerdings ist das Saatgut heutzutage fast ausschließlich in der Hand einiger weniger Großkonzerne.

Bio-Saatgut findest du zum Beispiel unter bingenheimersaatgut.de. Viel Wert auf alte Kulturpflanzen legt der Anbieter dreschflegel-saatgut.de. Bio-Jungpflanzen findest du unter arche-noah.at. Darüber hinaus gibt es richtige Tauschbörsen und sogar Tauschfestivals für Saatgut. Die Termine und weitere Infos dazu findest du unter saatgutkampagne.org. Du kannst dort auch selbst eine Tauschbörse organisieren.

Wenn du lernen möchtest, wie du Gemüse-Saatgut selbst vermehrst, kannst du unter seedfilmd.org einen entsprechenden Lehrfilm bestellen.

Wenn du von einer Gemüseart verschiedene Sorten anpflanzt, hat das den praktischen Effekt, dass sie nacheinander reif werden, statt alle auf einmal. Dann kannst du sie ganz entspannt nacheinander verbrauchen. Lass dich dazu am besten beim Saatguthandel individuell beraten.

GRÜNE OASEN MITTEN IN DER STADT

Es war eine verwahrloste, brachliegende Fläche in Berlin-Kreuzberg, die über 100 Freiwillige im Sommer 2009 von Müll befreiten. Seitdem haben Tausende freiwillige Helfer den heutigen »Prinzessinengarten« in ein blühendes Paradies und einen Nutzgarten verwandelt. Über 500 Gemüse- und Kräutersorten werden nun mitten in der Stadt gemeinschaftlich angebaut. Kinder, Jugendliche und Erwachsene lernen und erproben hier die Grundlagen des ökologischen Anbaus.

URBAN GARDENING

Mitte der 90er-Jahre entwickelte sich die Urban-Gardening-Bewegung in Europa, ihre Wurzeln hat sie allerdings in den New Yorker Gemeinschaftsgärten der 70er-Jahre. Zwischen Blumen- und Gemüsebeeten lernt man sich kennen, tauscht sich aus, sitzt in der Sonne und vielleicht auch noch abends beisammen. Das füllt nicht nur das Grau der Stadt wieder mit Farbe auf, sondern lässt Hoffnung in so manch einsamer Seele wieder aufleuchten.

Das Besondere an Urban-Gardening-Konzepten wie dem »Prinzessinnengarten« oder dem »Gartendeck« in Hamburg: Sie sind komplett mobil angelegt. Das Gemüse wird in rollbaren Kisten, Blumenkübeln, ja sogar ausrangierten Badewannen angepflanzt. So könnte der komplette Garten jederzeit umziehen, sollte das einmal nötig werden. Manche legen besonderen Wert auf Interkulturalität. Der Garten soll eine Begegnungsstätte sein. Für alle Menschen. Wenn du Kinder hast, ist für euch vielleicht auch ein Mitmach-Bauernhof interessant. Da können die Kleinen meist reiten, Tiere streicheln, Gemüse und Obst anbauen und pflücken und die ganz normale Hofarbeit kennenlernen. Sie können dort mit Mama und Papa hinkommen oder mit einer organisierten Gruppe. Viele dieser Bauernhöfe bieten Übernachtungsmöglichkeiten für Kinder.

MEHR INFOS ZUM URBAN GARDENING FINDEST DU UNTER GARTENPIRATEN.NET.
GUTE DOKUMENTARFILME GIBT'S UNTER EINE-ANDERE-WELT-IST-PFLANZBAR.DE.

Die subversivste Form des städtischen Gärtnerns ist das sogenannte Guerilla Gardening. Damit bewegen sich die Beteiligten in einer rechtlichen Grauzone. Auf brachliegenden Flächen der Stadt pflanzen sie Blumen und anderes an, sodass sie tatsächlich wieder zu Grünflächen werden. Kaum zu glauben, aber wahr: Erlaubt ist das eigentlich nicht, weil es sich eben um Eigentum der Stadt handelt. Es müsste also erst eine Genehmigung von der Verwaltung eingeholt werden. Manche Guerilla-Gärtner sind allerdings so dreist und lassen sich einfach nicht erwischen, wenn sie im Vorbeigehen eine Blumenzwiebel in die Erde stecken.

DIY: SEED BOMBS BASTELN

Sie eignen sich wunderbar als Mitbringsel, beispielsweise zum Osterfest: Samen in Tonerde, die zu festen Kugeln geformt wurde. Werden sie auf die Erde geworfen, lösen sie sich beim nächsten Regen auf und können die Fläche dort zum Blühen bringen.

Du brauchst dazu in erster Linie Samen, am besten eine regionale Wildblumenmischung oder auch eine leuchtend bunte Mischung aus Ringelblumen, Kornblumen und Klatschmohn. Dazu kommen Tonerde, die ist besonders reich an Mineralstoffen und Spurenelementen, und normale Gartenerde.

Für sechs walnussgroße Samenbomben nimmst du einen Teelöffel Samen, einen Esslöffel Tonerde und einen Esslöffel Gartenerde. In einer großen Schüssel erst die Gartenerde mit den Samen vermischen, dann die Tonerde hinzufügen. Immer etwas Wasser beigeben, bis die Mischung so geschmeidig wird, dass du sie gut formen kannst. Wenn du fertig bist, lässt du sie einige Tage trocknen – besonders gut funktioniert das zum Beispiel in einem alten Eierkarton. Willst du sie verschenken, male ihn doch vorher hübsch an!

OBST FÜR LAU AM WEGESRAND

Nichts macht mehr Spaß, als einen Apfel oder eine Pflaume direkt vom Baum zu pflücken und hineinzubeißen. Das kannst du auch machen, ohne dass sich der Nachbar ärgert. Unter mundraub.org findest du eine Karte herrenloser Obstbäume, Streuobstwiesen und Brombeersträucher. Hier ist das Ernten erlaubt – und das absolut kostenfrei. Falls du der Karte folgst und auf einmal vor einem privaten Garten stehst, wundere dich nicht. Einige Obstbaumbesitzer stellen sie hier ein, weil sie allein die Menge der Früchte nicht bewältigen können, aber auch nicht möchten, dass sie am Boden verfaulen. Oftmals findest du freies Obst und Beeren entlang der Bahnstrecken. Hier sollen sie wohl den Lärm dämmen. Weil die Bäume manchmal schon von anderen Mundraub-Nutzern abgeerntet sind, wenn man dort ankommt, sollte man sich nicht zum Sattwerden darauf verlassen. Bei gutem Wetter ist es aber ein toller Anlass, sich aufs Fahrrad zu schwingen und sich wie bei einer Art Schnitzeljagd führen zu lassen – bis zum Schatz.

ESSBARE STÄDTE

Die Stadt Andernach in Rheinland-Pfalz macht es vor: In Parks und kleinen Winkeln lässt die Stadtverwaltung öffentliche Gemüse- und Obstgärten anlegen. Das ist dekorativ – und lecker. Ob Erdbeeren, Salat oder Zwiebeln: Wer hier vorbeikommt, darf einfach zugreifen. Es darf auch jeder beim ökologischen Anbau ohne Spritzmittel helfen. Man muss es aber nicht, um hier ernten zu dürfen. Die öffentlichen Nutzpflanzen sollen das Bewusstsein für gesunde Ernährung und regionale Lebensmittel schärfen.

Von der Deutschen Umwelthilfe e. V. (DUH) und der Stiftung »Lebendige Stadt« wurde Andernach als Gesamtsieger des Wettbewerbs »Lebenswerte Stadt« ausgezeichnet.

»Das Andernacher Konzept ist schon allein wegen seiner Einfachheit brillant: Der Stadt gelingt ohne aufwendige Baumaßnahmen eine Aufwertung seiner Grünanlagen. Durch die Wahl von essbaren

CHALLENGE: VERSCHÖNERE DEINE UMGEBUNG

LEVEL 1 **Bastle ein paar Seedbombs, und verschenke sie beispielsweise an Gartenbesitzer.**

LEVEL 2 **Beteilige dich an einem öffentlichen Gartenprojekt.**

Pflanzen wurde dem öffentlichen Grün eine Multifunktionalität verliehen, die bei der Bevölkerung sehr gut ankommt. Selten wurde mit so einfachen Mitteln so viel bewegt«, lobte Alexander Otto, Kuratoriumsvorsitzender der Stiftung »Lebendige Stadt«, laut der Deutschen Gartengesellschaft DGG.

»Nicht nur Pflanzen und Tiere, sondern vor allem die Menschen können hier aufblühen, weil sie sich so wohlfühlen«, fügte Oberbürgermeister Achim Hütten hinzu. Das Anpflanzen und die Betreuung der Beete übernehmen dabei hauptsächlich Langzeitarbeitslose, die sich dabei umfangreich beruflich qualifizieren und deren Arbeit von der Bevölkerung als wertvoll geschätzt und anerkannt wird. Hand in Hand arbeiten sie mit Bürgern, die sich freiwillig um die Pflege von Mangold, Zucchini und Co. kümmern. Das stärkt das Vertrauen und das Wirgefühl.

Diese Grünflächenplanung macht bei anderen Stadtentwicklern Schule. Über 60 andere Städte sind mittlerweile dem Vorbild Andernachs gefolgt. 90 weitere Städte wollen das Konzept zumindest teilweise umsetzen.

Eine Übersicht findest du unter essbare-stadt-minden.de.

DES DEUTSCHEN LIEBSTES KIND

UNTERWEGS MIT DEM PKW

Klein tut's auch. Wir teilen uns hier zu Hause mit allen Familienmitgliedern einen Skoda Fabia. Der gehört laut Pkw-Energieverbrauchskennzeichnungsverordnung (Pkw-EnVKV) zu den effizientesten Kleinwagen. Wir benutzen ihn aber auch nur, wenn es nicht anders geht. Ansonsten habe ich meine BahnCard und fahre wann immer möglich mit der Bahn. Hier im Dorf ziehe ich mir meist einfach meine Laufschuhe an – so bleibt man gleichzeitig fit. Für etwas längere Strecken nutze ich das Fahrrad.

Sicher, wenn wir uns eines nicht mehr nehmen lassen wollen, dann ist das unsere Mobilität. Wir brauchen unsere Freiheit. Doch wir – und die Umwelt – zahlen einen hohen Preis dafür, wenn wir glauben, wir bräuchten dafür alle ein eigenes Auto, am besten noch ein möglichst dickes. Faustregel Nummer eins: Je schwerer das Auto, desto mehr Gesamtmasse muss bewegt werden – das verbraucht also mehr Sprit.

Ich verstehe sowieso nicht, warum viele Leute noch so einen Hype um ihr Auto machen. Ineffizienter kann man sich kaum von A nach B bewegen. Betrachtest du die vorbeifahrenden Autos auf der Straße, fällt auf, dass meist nur eine einzige Person darinsitzt. Deutschlandweit sind laut dem Statistikportal statista.de 46 Millionen Pkws unterwegs. Im Durchschnitt besitzt also fast jeder Zweite hierzulande ein eigenes Auto.

Glücklich sehen die meisten Autofahrer eher nicht aus, wenn man durch die Windschutzscheibe schaut. Sie wirken vielmehr gestresst. Wollen so schnell wie möglich von einer roten Ampel zur nächsten, der anstehende Termin drängt, doch sie sind gefangen im nicht enden wollenden Stop-and-go. So kriechen sie in der Kolonne dahin, obwohl beispielsweise in einer Stadt wie Hamburg die U-Bahn sie weitaus schneller an ihr Ziel gebracht hätte – und billiger. Warum tun sie sich das an? Wenn man die fehlende Logik dieses Verhaltens anspricht, erntet man oft große Emotionalität. Viele hier empfinden den Individualverkehr als ein wichtiges, unantastbares Recht und fühlen sich von derlei schlichten Fragen bedroht. Des Deutschen Baby ist sein Auto, sein heiliger Gral, sein Ein und Alles. Zumindest scheint es bei einem Großteil der etwas älteren Generation so zu sein. Junge Menschen sehen das lockerer, so ist mein Empfinden.

Wir müssen davon wegkommen, das Auto als Statussymbol zu betrachten und am besten noch irgendwie unseren Wert als Person damit zu verknüpfen. So hat der Mobilitätsexperte Dr. Bernhard Knierim, Autor des Buches »Ohne Auto leben« herausgefunden, dass Menschen mit höherem Einkommen im Schnitt mehr als doppelt so viel mit dem Auto fahren und dann eben auch entsprechend mehr CO_2 verursachen. Kein Wunder, denn ein Auto muss man sich erst einmal leisten können. Die laufenden Kosten summieren sich auf rund 6700 Euro pro Jahr, zehnmal mehr als eine Jahreskarte für den öffentlichen Nahverkehr. Aber die Luftverpestung ist doch nichts zum Stolz-Sein!

Die viel beschworene Verkehrswende beginnt also im Kopf eines jeden Einzelnen. Und sie ist bitter nötig. Denn der Verkehr in Deutschland ist laut Umweltbundesamt für rund 18 Prozent unserer Treibhausemissionen verantwortlich. In absoluten Zahlen ist das eine riesen Hausnummer: Etwa 162.000 Tonnen CO_2. Grund genug, die Kiste also öfter mal stehen zu lassen. Das geht an unsere Gewohnheiten, klar. Aber mit den folgenden Schritten kommst du schon ein großes Stück weiter.

10.000 SCHRITTE AM TAG SOLLTEN WIR MINDESTENS LAUFEN, RATEN ÄRZTE UND GESUNDHEITSEXPERTEN. DAS HEIßT ALSO: FÜR STRECKEN EINMAL QUER DURCH DIE STADT BENUTZEN WIR AM BESTEN EINFACH MAL UNSERE FÜßE.

7 SCHRITTE ZUM SPARSAMEREN AUTOGEBRAUCH

Jeder gesparte Autokilometer zählt! Würden wir alle unsere Autofahrten deutlich herunterschrauben, wäre das entlastend fürs Klima, aber auch entlastend für unser aller Nervenkostüm. Nicht zuletzt weil der Verkehr eine der Hauptlärmquellen heutzutage ist, wie das Umweltbundesamt bekannt gibt.

Schritt 1: Rechne deinen persönlichen CO_2-Ausstoß durch deine Autofahrten mit einem Klimarechner aus, zum Beispiel unter klimaohnegrenzen.de.

Schritt 2: Überlege, ob du dir manche Einkaufsfahrten zum großen Supermarkt sparen kannst, indem du beispielsweise einen Hofladen in der Nähe unterstützt oder eben selbst ein bisschen was anpflanzt.

Schritt 3: Statt einen großen Wocheneinkauf mit dem Auto zu bewerkstelligen, könntest du auch zwei bis drei kleinere Einkäufe mit deinem Fahrrad und einem Rucksack machen.

Schritt 4: Wenn es für die Strecke eine Bus- oder Bahnverbindung gibt, nutze sie!

Schritt 5: Lebst du auf dem Land, oder gibt es einfach keine adäquate Verbindung mit den Öffis, schließe dich mit deinen Nachbarn und Freunden so oft wie möglich zu Fahrgemeinschaften zusammen.

Schritt 6: Versuche, für längere Strecken so gut wie immer die Bahn zu nutzen. Zu teuer? Unter billig-bahnreisen.de findest du viele Schnäppchen. Oder du teilst dir mit anderen ein Wochenendticket. Mitfahrer findest du unter ticket-mitfahrer.de – oder du fragst einfach im Bekanntenkreis herum, und ihr macht euch alle zusammen ein schönes Wochenende.

Schritt 7: Probiere es doch mal mit gezieltem Auto-Fasten. Wenn du deinen Wagen sonst täglich benutzt, starte mit einer Woche ohne. Verwendest du es eher sporadisch, setze dir einen Monat als Ziel. Auch wenn du es nicht ganz vermeiden kannst, nutze während dieser Zeit dein Auto so wenig wie irgend möglich. Rechne dann wieder bei klimaohnegrenzen.de aus, wie viel CO_2 du auf diese Weise gespart hast.

CARSHARING

Wenn du nicht täglich fahren musst, melde dich doch beim Carsharing an. Ein solches Auto spart im Schnitt fünf bis sechs Privat-Pkws. Und die müssen dann nicht energie- und rohstoffintensiv hergestellt werden. Denn dein eigenes Auto steht ja etwa 23 Stunden am Tag herum. Eine ziemliche Verschwendung. Ein Carsharing-Auto ist während der Zeit ganz oft im Einsatz. Das sorgt auch für mehr freie Parkplätze in der Stadt. Um Reparaturen, Wartung, TÜV und Reifenwechsel brauchst du dir als Carsharing-Nutzer keinen Kopf machen. Das spart Geld und schenkt dir mehr freie Zeit bei weniger Sorgen.

Selbst wenn du es nicht oft benutzen willst, macht es Sinn, sich beim Carsharing anzumelden, falls es ein solches Angebot in deiner Nähe gibt. Denn stell dir vor, du brauchst eines Tages dringend ein Auto, dein Freund hat dir das eurige aber bereits weggeschnappt. Dann brauchst du nur einfach schnell die App zu zücken, das nächstverfügbare Fahrzeug zu lokalisieren, und ab geht die Post.

In Deutschland gibt es mittlerweile etwa 150 Carsharing-Anbieter. Die größten und bekanntesten sind Car2Go, DriveNow, Flinkster und Cambio. Am besten gibst du die Stichworte »Carsharing« und deine Stadt in die Internetrecherche ein, um die Anbieter in deiner Nähe zu finden.

MITFAHRZENTRALEN

WENN DIE REISE MIT DEN ÖFFIS EINFACH VIEL ZU LANGE DAUERN WÜRDE ODER ES KEINEN ANSCHLUSS GIBT, SCHLIEßE DICH DOCH MIT ANDEREN ZU EINER FAHRGEMEINSCHAFT ZUSAMMEN. SO LERNST DU GLEICH NEUE LEUTE KENNEN, UND DIE FAHRT GEHT BEI NETTEN GESPRÄCHEN AUCH SCHNELLER RUM. SCHAU MAL REIN BEI BLABLACAR.DE ODER MITFAHREN.DE. SUCHST DU ALS PENDLER EINE REGELMÄßIGE FAHRGEMEINSCHAFT? DANN WIRST DU AM EHESTEN AUF MIFAZ.DE FÜNDIG.

DER SOGENANNTE BIO-SPRIT: GAR NICHT UMWELTFREUNDLICH

Mittlerweile haben es die meisten ja schon mitgekriegt, ich schreibe es hier zur Sicherheit aber noch einmal: Bio-Diesel ist überhaupt nicht Bio. Das sogenannte Bio-Benzin E10 ebenfalls nicht. Denn so viel Ackerfläche, wie dafür benötigt wird, gibt es hier in Deutschland gar nicht. Also wird der Rohstoff importiert: massenhaft Palmöl aus Asien und Zuckerrohr aus Südamerika. Ist ja auch billiger ...

Für deren Anbau werden dort aber noch mehr Regenwälder abgeholzt, warnt die Organisation »Rettet den Regenwald«. Neben der Katastrophe für unser Klima hat das noch viele andere traurige Effekte: Tiere und Menschen werden vertrieben, Kleinbauern haben auf einmal keine Lebensgrundlage mehr.

E10 steckt zum Beispiel im »Super«-Benzin. Die Hersteller sind gesetzlich verpflichtet, mindestens 6,25 Prozent beizumischen. Im sogenannten Bio-Diesel sind oft neben Palm- auch Raps- und Sonnenblumenöl enthalten. Diese Pflanzen werden zum Teil sogar hier angebaut – in riesigen, heftig gespritzten Monokulturen, die bei uns die

Artenvielfalt zerstören und die Insekten geschwächt aus der Luft plumpsen lassen (→ Seiten 43 und 163).

Warum wird dann überhaupt Bio-Diesel und -Benzin eingesetzt, fragst du dich? Ganz einfach: Die Erdölvorräte werden weltweit knapper, und die globale Politik sucht händeringend nach Alternativen und versucht, den Zeitraum bis zum Versiegen des Erdöls hinauszuzögern. Intuitiv würde man vielleicht annehmen, dass Pflanzen als Rohstoff klimagünstiger sind als fossile Energien. Das stimmt aber so nicht und hat etwas mit der schieren Menge zu tun, die benötigt wird. Um den erwünschten Ertrag zu erzielen, müssen die Felder intensiv gedüngt werden. Aus diesen chemischen Düngemitteln entweichen aber enorme Mengen Lachgas, erklärt »Rettet den Regenwald«. Und Lachgas heizt die Atmosphäre 300-mal stärker auf als CO_2.

Bio-Diesel könnte zudem das Hungerproblem auf dieser Welt verschärfen. Denn ein einziger Oberklassewagen verbraucht im Jahr genauso viel Nahrungsmittel für sein Benzin wie 26 Menschen bräuchten, um ein Jahr lang satt zu werden. Dadurch, dass sie im Tank landen, werden die Nahrungsmittel verknappt. Das könnte eines Tages dazu führen, dass ihre Preise enorm ansteigen.

Auch die Wasserbilanz der sogenannten Bio-Kraftstoffe ist desaströs. Bis zu 3500 Liter Wasser werden verbraucht, um einen Liter Bio-Diesel zu erzeugen – so viel wie 25 volle Badewannen. Denn die riesigen Plantagen müssen ja bewässert werden. Auch die Verarbeitung zu Kraftstoff benötigt Wasser. Dünger und teils hochgiftige Pestizide und Herbizide verseuchen die Böden und Gewässer rund um die Plantagen und schaden so den Tieren, die dort wohnen. Und noch mehr Menschen als ohnehin schon haben erschwerten Zugang zu sauberem Trinkwasser.

SIND ELEKTROAUTOS UMWELTFREUNDLICHER?

Elektroautos gelten als umweltfreundliche Alternative zum Verbrennungsmotor, denn sie fahren »lokal emissionsfrei«. Das heißt, dort, wo sie gerade sind, verursachen sie kein CO_2. Dieses wird aber dennoch freigesetzt, nur an anderer Stelle. Der Strom fürs Elektroauto will nämlich erst einmal erzeugt werden.
Auch wenn der Anteil an erneuerbaren Energien zunimmt, werden E-Autos hierzulande noch mit durchschnittlich 40 Prozent Strom aus Kohlekraftwerken gespeist, so die Agentur für erneuerbare Energien. Bis sie alle zu hundert Prozent mit Ökostrom versorgt werden, ist es also noch ein langer Weg. Je größer der Anteil des Ökostroms am Energiemix wird, desto besser ist dann auch die CO_2-Bilanz der Elektroautos.

Momentan schaut der Stand der Dinge aber so aus: Der Autoclub ADAC errechnete in seinem Eco-Test 102 Gramm CO_2 pro Kilometer für den E-Golf von VW gegenüber 120 Gramm beim Golf-Diesel. Das klingt doch erst einmal nach einer ordentlichen Ersparnis.

Allerdings ist die Herstellung der Batterien extrem aufwendig, gibt das Institut für Energie- und Umweltforschung (ifeu) zu bedenken. So mache allein die Herstellung eines Elektroautos etwa 30 Prozent seiner Gesamtenergiebilanz über die Lebensdauer aus. Rund 9,5 Tonnen CO_2 werden bei der Herstellung eines E-Autos in die Luft gepustet. Bei Autos mit Verbrennungsmotoren ist es in der Herstellung weniger: etwa sechs Tonnen. Eine ganz schön komplizierte Rechnung. Was sich aber zeigt: So richtig werden sich Elektroautos aus Umweltsicht wohl erst dann lohnen, wenn unser Stromnetz hauptsächlich oder ganz aus erneuerbaren Energien gespeist wird.

7 GOLDENE REGELN ZUM SPRITSPAREN

Kannst du es nicht vermeiden, mit dem Auto zu fahren, kannst du dennoch einige Tricks anwenden, um deinen Verbrauch zu senken sowie CO_2 und Geld zu sparen.

1. Fahre mit angemessener Geschwindigkeit. Rasen gefährdet nicht nur dich und andere, sondern belastet auch das Klima.

2. Fahre Fahrzeuge mit geringem Spritverbrauch. Dazu musst du kein Automobilexperte werden. Die Werte findest du zum Beispiel heraus, wenn du auf Internetseiten wie spritmonitor.de nachschaust. Spart ja auch wieder eine Menge Geld.

3. Schalte möglichst früh den Gang hoch. Dann fährst du niedertourig bei geringeren Drehzahlen. Mit anderen Worten: Dein Auto muss sich weniger anstrengen und verbraucht deshalb auch nicht so viel Energie.

4. Nutze die Motorbremse. Wenn du auf eine Ampel zurollst, schalte einen Gang runter. In der Zeit wird dann kein Kraftstoff verbraucht. Der Leerlauf zieht dagegen immer noch etwas Kraftstoff, deshalb ist er nicht zu empfehlen (auch weil die Kontrolle über das Fahrzeug so sinkt).

5. Klimaanlage ausschalten. Sie zieht bis zu 0,6 Liter zusätzlich pro 100 Kilometer.

6. Achte auf den Reifendruck. Liegt dieser nur 0,5 bar unter der Empfehlung des Herstellers, erhöht das deinen Spritverbrauch schon um sechs Prozent.

7. Motor aus. Stehst du im Stau, an der Eisenbahnschranke, oder wartest du vor dem Haus einer Freundin, die gerade hektisch »Noch fünf Minuten!« ins Handy gebrüllt hat? Dann kannst du der Welt für diese Zeit weitere CO_2-Emissionen ersparen.

PRAKTISCH: MIT DER APP FUELIO HAST DU JEDERZEIT DEINEN BENZINVERBRAUCH VOLL IM BLICK, DENN SIE ZEICHNET DIE ZURÜCKGELEGTEN KILOMETER UND DEN VERBRAUCH AUF. WIE VIEL CO_2 DABEI PRODUZIERT WURDE, SAGT DIR DIE APP CARBONDIEM.

CHALLENGE: WENIGER UND SPARSAMER AUTOFAHREN

LEVEL 1 **Setze alle goldenen Regeln zum Spritsparen um.**

LEVEL 2 **Setze, aufbauend zu Level 1, mindestens fünf der sieben Schritte zum sparsameren Autogebrauch um.**

SUVS – DER KLIMA-GAU

Vor 40 Jahren war ein Auto mit 40 PS noch vollkommen normal. Das reichte ja auch, das Fahrzeug brachte seine Insassen zuverlässig von A nach B. Heute liegt der Durchschnitt bei 148 PS, und manche meinen, mindestens 200 PS unter dem Popo haben zu müssen. Ein absoluter Horror für die Umwelt ist die derzeitige XXL-Mode bei Neufahrzeugen. Die braucht hier eigentlich kein Mensch, weil sie ja für unwegsames Gelände designt wurden und die Zahl der Deutschen, die sich auf solchem fortbewegen müssen, wohl im Promillebereich bewegt. Vielleicht der ein oder andere Einsiedler, der in einer Almhütte lebt. Das erklärt aber nicht die 2,2 Millionen SUVs (»Sport Utility Vehicle«), die man hier über die Straßen fahren sieht.

So ein Monsterwagen wiegt oft bis zu 2,5 Tonnen, darf deshalb noch nicht einmal legal auf dem Gehweg parken und säuft wie ein Loch: etwa 15 Liter pro 100 Kilometer. Zum Vergleich: Ein Kleinwagen kommt oft schon mit vier Litern für dieselbe Strecke aus. Weil der SUV so breit ist, muss sein Fahrer mit ihm oft einige Extrarunden drehen, bis er endlich einen Parkplatz findet. Wer so aufgeblasen dahergerollt kommt, wirkt auf mich einfach nur wie ein Dinosaurier, urzeitlich.

DICKE LUFT: KOMMT BALD DER KOSTENLOSE ÖFFENTLICHE NAHVERKEHR?

Die Frage ist nicht so absurd, wie sie zunächst vielleicht klingt. Genau das hat nämlich die deutsche Bundesregierung gerade der EU-Kommission in Brüssel vorgeschlagen. Nicht aus sogenanntem Gutmenschentum. Sondern weil sie Angst vor Strafzahlungen hat. Denn die könnten saftig ausfallen: in Millionenhöhe.

Uns droht nämlich gerade eine Klage vor dem Europäischen Gerichtshof. Schon mehrfach hat die EU Deutschland ver-

warnt. Weil wir nämlich immer wieder die Grenzwerte für Schadstoffe in der Luft überschreiten, vor allem in unseren Großstädten. Deshalb hat nun unsere Umweltministerin Barbara Hendricks dem EU-Umweltkommissar Karmenu Vella einen Brief geschrieben, berichtet die Süddeutsche Zeitung im Februar 2018. »Wir erkennen den bestehenden Zeitdruck und die Notwendigkeit effizienten Handelns an«, heißt es darin etwas zerknirscht. Das Ziel sei nun, einen Kompromiss zu finden.

Barbara Hendricks schreibt in diesem Brief, die Bundesregierung denke darüber nach, den öffentlichen Nahverkehr kostenlos anzubieten. Dann wären mit großer Wahrscheinlichkeit deutlich weniger Autos auf den Straßen unterwegs. Als Teststädte für dieses Projekt kämen beispielsweise Essen, Bonn und Mannheim infrage.

Bei den Schadstoffen, um die es hier geht, handelt es sich noch nicht mal um CO_2, sondern um Feinstaub und Stickstoffdioxid. Feinstaub stammt hauptsächlich aus älteren Dieselfahrzeugen, kommt aber auch von Reifen- und Bremsenabrieb. Und dieser Staub sorgt für dicke Luft. Denn es handelt sich hierbei um winzig kleine Teilchen mit einem Durchmesser von maximal zehn Mikrometern, die nicht sofort zu Boden sinken, sondern noch eine Weile in der Luft hängen. Wenn wir sie einatmen, kann das zu Problemen führen: Sie können die Schleimhäute reizen, die Lungen und sogar das Herz schädigen.

Den zulässigen Tagesmittelwert für Feinstaub überschreiten Städte wie Stuttgart und München besonders oft, ebenso Berlin und diverse Städte im sogenannten Ruhrpott. Eine täglich aktualisierte Überschreitungstabelle kannst du auf den Internetseiten des Umweltbundesamtes einsehen. Dieses sieht zwar eine positive Tendenz in Sachen Feinstaubeingrenzung, man könne sich jedoch noch keinesfalls zurücklehnen. Die EU-Grenzwerte für Feinstaub sind nämlich eigentlich sogar ziemlich lax. Die Weltgesundheitsorganisation (WHO) macht hierzu viel strengere Vorgaben.

NUR 20 PROZENT DES FEINSTAUBS IN DEUTSCHLAND STAMMEN LAUT UMWELTBUNDESAMT VOM VERKEHR. 13 PROZENT VERURSACHEN DIE INDUSTRIE UND STROMERZEUGUNG UND GANZE 45 PROZENT KOMMEN AUS DER LANDWIRTSCHAFT. GRÜNDE DAFÜR SIND UNTER ANDEREM DER EINSATZ VON MASCHINEN AUF DEM ACKER UND DIE ÜBERMÄẞIGE GÜLLE AUS DER INTENSIVTIERHALTUNG.

Stickstoffdioxid gilt als besonders schädlich. Er ist der eigentliche Grund, weshalb die EU-Kommission jetzt so einen Wind macht. Laut Bundesumweltministerium kann »(...) lang andauernde Exposition zu Beeinträchtigung der Lungenfunktion und zu chronischen Herz-Kreislauf-Erkrankungen führen.« Der Dreck in der Luft erhöht also unser Risiko, beispielsweise einen Schlaganfall oder Herzinfarkt zu erleiden.

Stickstoffdioxid sammelt sich ebenfalls besonders in den eben genannten, aber auch in vielen weiteren deutschen Städten. Dieses Gas entsteht wirklich hauptsächlich durch den Verkehr, insbesondere durch Dieselmotoren. Auch diese Werte kannst du beim Umweltbundesamt täglich nachlesen.

Der Verkehr soll von Ländern und Städten mehr reguliert werden können, schlägt die Bundesregierung in ihrem Schreiben an die EU vor. Außerdem sollten Lkws aus weiten und wichtigen Teilen der Städte verschwinden. Für Busse und Taxis sollen neue Obergrenzen in Sachen Schadstoffausstoß gelten. Wer allerdings die Kosten für die Gratis-Öffis übernehmen soll, ist derzeit noch unklar – zumal deren Infrastruktur bei steigender Fahrgastzahl ja auch rapide ausgebaut werden müsste.

DAS NETZWERK FÜR SOLIDARISCHE MOBILITÄT (SOLIMOB.DE) SETZT SICH SCHON LÄNGER FÜR EINEN KOSTENLOSEN ÖFFENTLICHEN NAHVERKEHR EIN. AUCH DIE IDEE DES BÜRGERTICKETS (NACH »BÜRGERTICKET« UND DEINER STADT GOOGELN) ZIELT IN DIESE RICHTUNG.

EINFACH MAL MEHR FAHRRAD FAHREN

Mittlerweile braucht man vielerorts nicht einmal mehr ein eigenes Fahrrad. Immer mehr Leihstationen finden sich in deutschen Städten, in Hamburg laufen sie zum Beispiel unter dem Namen »StadtRAD«. An den Leihstationen steht ein zentrales Bedienterminal mit einem Touchscreen. Dort identifizierst du dich mit deiner Kundenkarte. Du tippst auf das Display des Fahrradschlosses, das Schloss öffnet sich, und schon kann's losgehen. Wenn du deine Kundenkarte gerade nicht dabei hast, kannst du die Zentrale anrufen. Besonders praktisch: Du musst das Fahrrad nicht unbedingt dorthin zurückbringen, wo du es entliehen hast, sondern kannst es auch an einer anderen Leihstation desselben Anbieters später anschließen. Das Ganze eignet sich super für ganz spontane Strecken, wenn du dein eigenes Fahrrad gerade nicht dabei hast. Auch die Deutsche Bahn bietet Fahrräder an, die du für deinen City-Trip leihen kannst: callabike-interaktiv.de.

Für die vermehrte Nutzung von Fahrrädern und den Ausbau vernünftiger Radwege setzen sich die Radler ein, die einmal monatlich unter dem Stichwort »Critical Mass« (criticalmass.de) durch die Innenstädte radeln. Hunderte oder sogar Tausende von Fahrradfahrern bewegen sich dann gemeinsam durch die Straßen und blockieren so den Autoverkehr. Weil sie das eigentlich nicht dürfen, verabreden sie sich inoffiziell. Sie teilen zum Beispiel in sozialen Medien mit, dass sie zu einem bestimmten Datum (meistens am letzten Freitag im Monat) und einer bestimmten Uhrzeit auf einer bestimmten Straße entlangfahren werden. Dann finden sich andere Fahrradfahrer »zufällig« zur selben Zeit dort ein.

MEHR ALS EINE MILLIARDE AUTOS SIND WELTWEIT AUF DEN STRASSEN UNTERWEGS UND STOSSEN ETWA FÜNF MILLIARDEN TONNEN CO_2 PRO JAHR AUS. WÜRDE AUCH IN ANDEREN LÄNDERN JEDER ZWEITE EIN AUTO BESITZEN, WÄREN ES MEHR ALS 3,5 MILLIARDEN AUTOS UND 17,5 MILLIARDEN TONNEN CO_2. DAS DEUTSCHE MODELL IST NICHT NACHHALTIG, UND WIR KÖNNEN NUR HOFFEN, DASS ANDERE LÄNDER SICH UNSER VERHALTEN NICHT ZUM VORBILD NEHMEN.

Weil sie nicht zentral organisiert sind, kann keiner dafür verantwortlich gemacht werden. Mittlerweile bekommt aber die Polizei eigentlich immer Wind davon, toleriert sie aber und bildet sogar eine Eskorte, um die Fahrraddemo zu schützen.

Die erste »Critical Mass«-Aktion fand im September 1992 in San Francisco statt, mittlerweile findet der Protest so viel Zulauf, dass sich beispielsweise 2013 in Budapest 100.000 Teilnehmer zusammenfanden.

WIRD DIR AN EINEM WARMEN SOMMERTAG AUCH MANCHMAL SCHLECHT IM AUTO? DAS LIEGT MÖGLICHERWEISE DARAN, DASS DU AUSGASENDE PHTHALATE UND BISPHENOL A (BPA) EINATMEST, WENN DAS FAHRZEUG ERHITZT IST. BEREITS GERINGE MENGEN KÖNNEN DABEI GESUNDHEITLICHE AUSWIRKUNGEN HABEN. BEI FRAUEN KÖNNEN DIESE STOFFE ZU CHROMOSOMENDEFEKTEN FÜHREN, BEISPIELSWEISE DIE ENTSTEHUNG VON BRUST- ODER EIERSTOCKKREBS ODER DIE ENTWICKLUNG EINES BABYS MIT EINER BEHINDERUNG BEGÜNSTIGEN. BEI MÄNNERN VERRINGERN BEREITS KLEINE MENGEN DIESER CHEMIKALIEN DIE SPERMIENPRODUKTION, WEIL SIE AUF DAS HORMONSYSTEM EINWIRKEN. WER ALSO EINEN AUF DICKE HOSE MACHEN WILL, IST MIT EINEM NEUWAGEN EHER SCHLECHT BEDIENT.

NACHHALTIG REISEN

DAS FLIEGEN KOMPENSIEREN

Als Sportlerin reise ich manchmal zu den großen organisierten Halb-Marathons der Welt: Barcelona zum Beispiel, aber auch dieses Jahr einmal nach Los Angeles. Das ist aus Klimasicht mein absoluter Pferdefuß, meine Achillesferse, und ich kann verstehen, wenn der ein oder andere Follower auf Instagram etwas irritiert fragt: Umweltschutz und Fliegerei – wie soll das denn zusammenpassen?

Ja, es stimmt, die CO_2-Bilanz eines Flugzeugs ist fast so schlimm wie die eines SUVs (→ Seite 183). Deshalb achte ich darauf, das CO_2, das meine Reisen verursacht, zu kompensieren. Dazu nutze ich Atmosfair (atmosfair.de). Dabei zahle ich freiwillig zusätzlich zum Flugpreis einen Klimaschutzbeitrag, der dazu verwendet wird, erneuerbare Energien in sogenannten Entwicklungsländern auszubauen: Solaranlagen oder Biomasseverwerter zum Beispiel. Die Menschen vor Ort profitieren davon, weil durch die dort einsetzende Industrialisierung die Luft nicht so arg verpestet wird. Weltweit profitieren wir, weil so die Gesamtlast an CO_2 in der globalen Atmosphäre geringer bleibt, als wenn dort Kohlekraftwerke nach westeuropäischem – überholtem – Vorbild gebaut werden.

Den Beitrag berechnet Atmosfair so, dass die Treibhausgase durch den Flug durch die Einsparung woanders vollständig kompensiert werden. Die Kosten, die dir dabei entstehen, sind überschaubar: Eine Reise von Hamburg nach Barcelona wird beispielsweise mit 16 Euro kompensiert.

STRÄNDE SCHONEN

Ich finde, wenn wir woanders zu Gast sind, sollten wir uns dort auch vernünftig benehmen. Es gibt Menschen, die sich zu Hause ganz normal verhalten, sobald sie aber im Süden sind, scheinen sie zu vergessen, wozu es Mülleimer gibt.

Mallorca hat jetzt genug von den verschandelten Stränden und Straßen. Mit einem neuen Abfallgesetz will der Deutschen liebste Urlaubsinsel dem Kunststoff an den Kragen. So wird spätestens ab 2020 der Sangria nur noch mit kompostierbaren Strohhalmen serviert. Denn ihre Plastikpendants zerreiben sich durch die Gezeiten, werden dann als feine Teile von Fischen gefressen und landen so auch auf den Tellern der Mallorquiner.

Dasselbe gilt für Wegwerftragetaschen, Einwegbesteck und Trinkbecher. 80 Prozent des Mülls an den Stränden besteht aus Plastik, rechnet die Regierung der Balearen vor. Davon wurde die Hälfte nur ein einziges Mal benutzt. Wer ab 2020 auf Mallorca Wegwerfartikel in Umlauf bringt, muss sie danach selbst einsammeln und recyceln, es sei denn, sie bestehen aus biologisch abbaubaren Stoffen wie zum Beispiel Zellulose. Das anvisierte Gesetz ist allerdings noch nicht in Stein gemeißelt, die spanische Regierung in Madrid muss noch zustimmen. Wenn es aber kommt, dann wäre das doch mal ein echter Fortschritt – für die Umwelt und auch für unser Bewusstsein.

Mir wurde bei meinen Urlauben mit meinem Freund Jan, zum Beispiel auf Malta und in Schweden, erst so richtig klar, wie schön diese Welt eigentlich ist. Lasst sie uns bewahren und nicht mit Plastikmüll verschandeln.

SANFT REISEN

»Sanft reisen« bedeutet, einen möglichst kleinen Fußabdruck zu hinterlassen, im mehrfachen Sinne: Es geht darum, möglichst wenig zu stören – weder die Natur noch die lokale Kultur der Menschen. Das bedeutet, sich nicht wie ein Trampel beziehungsweise wie ein Elefant im Porzellanladen aufzuführen. Das Gegenteil vom sanften Reisen sind riesige Hotelbunker, die sich kilometerweit entlang der schönsten Strände mancher Länder erstrecken – für die Pauschaltouristen, die dort ihren All-inclusive-Urlaub machen. Ich kann verstehen, warum sich manche Menschen zu einem gewissen Zeitpunkt in ihrem Leben zu so einem Urlaub entscheiden. Hat man beispielsweise kleine Kinder, die quengeln und nicht viel laufen können, kann ein Rucksackurlaub sicherlich schnell zu viel werden. Aber für junge Familien gibt es wunderbare Alternativen.

Auf spezialisierten Internetportalen bekommst du eine noch größere Übersicht von nachhaltigen Reiseangeboten. Dazu gehören

- forumandersreisen.de,
- goodtravel.de
- bookitgreen.com/de/
- vertraeglich-reisen.de

Familien, aber auch Paare und Alleinreisende, finden zum Beispiel unter renatour.de Angebote für naturnahes Reisen: Unterkünfte mit Bio-Essen, jenseits des Massentourismus. Wie wär's mit Urlaub auf einer Finca, einer Hüttenwanderung oder einem Familien-Segeltörn?

Tipps zu guten Urlaubsangeboten und einer umweltfreundlichen Anreise gibt es unter wirsindanderswo.de.

Achte bei der Wahl deines Hotels darauf, ob es auf seiner Website Angaben zum Umweltschutz macht, zum Beispiel dazu, wie oft Handtücher gewaschen werden, woher das Essen stammt und so weiter. Wenn du ausschließlich Bio essen möchtest, schau mal unter biohotels.de rein. Die dort gelisteten Hotels achten verstärkt auf die regionale Herkunft ihrer Lebensmittel. In der Regel gibt es dort auch mehr vegetarische und vegane Angebote. Außerdem gehen sie sparsamer mit Ressourcen um, achten selbst darauf, Müll zu reduzieren, und beziehen meist Ökostrom.

Besonders klimafreundliche Unterkünfte, vom Campingplatz bis zum Schloss findest du unter viabono.de.

10 GOLDENE REGELN FÜR SANFTES REISEN

1. Sparsam packen. Je mehr Gewicht du mit dir schleppst, desto mehr CO_2 wird für seinen Transport verbraucht.

2. Zu Hause die Stecker ziehen. Und zwar alle und aus allen Steckdosen. Schalte die Heizung komplett aus, oder drehe sie im Winter auf Minimaltemperatur herunter. Futtere den Kühlschrank und die -truhe vor deiner Abreise leer, und schalte beide aus.

3. Vor Ort die Klimaanlage ausschalten. Während es in deinem Zimmer kühler wird, wird es auf dem Rest der Welt wärmer … Klimaanlagen gehören zu den größten Stromfressern im Urlaub. Wenn es nicht gerade unerträglich heiß ist, kannst du so viel Strom sparen. Schalte sie auf jeden Fall immer aus, wenn du das Zimmer verlässt. Und überlege, falls du Hitze generell nicht so gut verträgst, zu anderen Jahreszeiten oder in andere Klimazonen zu verreisen.

4. Keine Kinderarbeit oder Tierquälerei unterstützen. Ein fünfjähriges Kind, das auf der Straße neben einer Waage hockt, auf der du dich gegen ein paar Münzen wiegen kannst? Ein angeketteter Affe, der zu Musik »tanzt«? Wirf auf keinen Fall Geld in die Mütze, denn sonst unterstützt du die Quälerei.

5. Wasser sparen. Auch und gerade in südlichen Ländern ist ein geringer Wasserverbrauch wichtig. Dusche also nur so kurz wie möglich, und verwende deine Handtücher mehrere Tage hintereinander, damit sie nicht dauernd gewaschen werden müssen.

6. Müll vermeiden. Wie zu Hause, können wir im Urlaub ebenso aus Glas- oder Edelstahltrinkflaschen trinken. Ist das Wasser aus dem Hahn nicht trinkbar, kaufe möglichst große Kanister, und fülle sie dann immer in deine Trinkflasche zum Mitnehmen ab. Das spart gegenüber einzelnen Plastikflaschen schon einiges an Müll. Wenn du Obst oder Gemüse kaufen willst, gehe mit deinem Jutebeutel zum Markt. Dort bekommst du es auch ohne Plastikverpackung.

7. Auf sinnlose Souvenirs verzichten. Lerne, Nein zu sagen, selbst wenn dir ein besonders engagierter Straßenhändler noch so lange hinterherläuft. Wenn du etwas nicht unbedingt brauchst, musst du deinen Koffer und die Umwelt nicht damit belasten.

Je klarer du diese Haltung ausstrahlst, desto weniger wirst du übrigens belästigt.

8. Die Öffis nutzen. In den meisten Ländern ist es ganz einfach, mit dem Bus zu fahren – und oft ist es noch deutlich günstiger als bei uns. Den Mietwagen kannst du dir so meist komplett sparen. Vielleicht kannst du vor Ort auch ein Fahrrad leihen?

9. Lokal essen. Auch wenn es sie überall gibt, lasse die internationalen Fast-Food-Ketten links liegen, und besuche lieber kleine, landestypische Restaurants. Die Wahrscheinlichkeit, dass du hier regionales Essen serviert bekommst, ist so bedeutend höher.

10. Starte einen Clean-up. Mache es dir zur Aufgabe, bei jedem Strandbesuch drei Plastikteile aufzuheben und ordentlich zu entsorgen, die andere dort haben liegen lassen. Du kannst natürlich auch mehr aufsammeln, so viel dir eben Spaß macht. Für andere, die dich dabei sehen, wirst du so gleich zum Vorbild.

CHALLENGE: UMWELTFREUNDLICH IN DEN URLAUB

LEVEL 1 **Kompensiere deine nächste Flugreise mit Atmosfair.**

LEVEL 2 **Setze, aufbauend zu Level 1, mindestens sieben der zehn goldenen Regeln für sanftes Reisen um.**

LUST, DER NATUR EIN BISSCHEN NÄHERZUKOMMEN?
DIE NATURSCHUTZVERBÄNDE BUND UND NABU BIETEN EBENFALLS REISEN UND WANDERUNGEN AN: BUND-REISEN.DE UND NABU-WANDERGRUPPE.DE.
ODER DU BEOBACHTEST UNTER FACHKUNDIGER ANLEITUNG VÖGEL UND LERNST, IHRE STIMMEN ZU UNTERSCHEIDEN: BIRDINGTOURS.DE.

BIST DU GERN SPORTLICH UNTERWEGS? MIT DEM FAHRRAD KANNST DU DEINE URLAUBSREGION INTENSIV ERKUNDEN. UNTER RADURLAUB.DE GIBT ES TIPPS FÜR DIE SCHÖNSTEN TOUREN UND WEGE.

SCHENKEN IST EINE KUNST

ES GEHT AUCH OHNE KONSUMWAHN

Wenn wir schenken, dann machen wir das, um unsere Zuneigung zu jemandem auszudrücken. Das Schenken hat in menschlichen Gesellschaften aller Epochen zudem die Funktion, die Bindung zwischen dem Schenkenden und dem Beschenkten zu festigen und zu verstärken. Dieses Ziel erreichen wir umso eher, wenn wir beim Schenken den Geschmack des anderen treffen. Dazu gehört, dass er dem Geschenk in irgendeiner Weise Sinn zuordnen kann.

Kaufen wir jemandem einfach das x-te Parfüm oder sogar Socken, nur um »etwas zu haben«, kann das nach hinten losgehen. Entweder die Person vergisst das Geschenk ganz schnell wieder oder ärgert sich sogar über unsere Gedankenlosigkeit: »Ist ihr wirklich nichts Besseres eingefallen?« Auch wenn so viel Anspruchsdenken seine eigenen Probleme mit sich bringt: Würdest du nicht gern etwas verschenken, was überrascht, erfreut, nachhaltig in Erinnerung bleibt und auch noch der Erde Gutes tut? Eben.

HÖRE GENAU ZU, WAS DER ANDERE BRAUCHT ODER ERWÄHNT, UND MACHE DIR IM LAUF DES JAHRES NOTIZEN.

NIMM DIR ZEIT

Am einfachsten und nachhaltigsten stärkst du die Bindung zu einem geliebten Menschen oder Freund, wenn du gemeinsame Zeit und Erlebnisse verschenkst. Etwas, das ihr gemeinsam macht, bleibt in Erinnerung und wird euch noch Jahrzehnte später verbinden, wenn besagtes Parfüm oder die Socken längst wieder im Müll gelandet sind.
Suchst du nach Inspiration, schau dich doch mal bei zeit-statt-zeug.de um. Dort gibt es wirklich schöne Ideen. Statt deiner Mutter einen Blumenstrauß mitzubringen, schenkst du ihr gemeinsame Zeit, in der ihr zusammen Blumen in ihrem Garten pflanzt oder umtopft. Statt Parfüm gibt es frische Waldluft und einen langen gemeinsamen Spaziergang dazu. Einem Kind kannst du zum Beispiel gemeinsame Bastelzeit schenken, statt eines neuen Plastikteils, das in den Tiefen der Spielzeugkiste untergeht. Oder ihr gestaltet zusammen ein Puppentheater.

Kinder in Deutschland haben sowieso meist so viel Spielzeug, dass sie die Hälfte schon wieder vergessen haben. Durch die schiere Menge sind sie überfordert. Uns Erwachsenen geht es ja genauso, wenn zu viel um uns herumsteht, deshalb gibt es die Bewegung zum Downshifting und zum Minimalismus. Weniger Zeug lässt Menschen mehr Raum: für Tagträume, kreative Ideen oder einfach nur zum Abschalten.

KEIN GIFT FÜRS KINDERZIMMER

Es liest sich fast wie ein Verbrechen, aber das Kinderzimmer ist möglicherweise der giftigste Ort in eurer Wohnung. Immer wieder warnt das Bundesinstitut für Risikobewertung vor giftigen Stoffen in den Spielsachen, und Verbraucherzentralen und Magazine wie Öko-Test und Stiftung Warentest stimmen mit ein.
So können Puppen aus Plastik und Quietsche-Entchen gefährliche Weichmacher enthalten, die das Hormonsystem stören und krebserregend wirken. Leider ist Holzspielzeug auch nicht immer ganz ohne. In den Lacken stecken Schadstoffe wie Formaldehyd oder polyzyklische aromatische Kohlenwasserstoffe (PAK), die Studien zufolge das Erbgut schädigen können. Sogar aus Puzzles aus Spanplatten kann Formaldehyd ausgasen! Die Farbe auf Spielzeugautos kann nervenschädigendes Blei enthalten. Und so ließe sich die Liste beliebig fortsetzen.

Kinder sind außerdem besonders gefährdet, denn bis zu einem gewissen Alter stecken sie sich fast alles in den Mund, um es zu erforschen. Über die Schleimhäute gelangen viele dieser Giftstoffe aber besonders leicht in ihren Körper. Wenn du also etwas für Kinder kaufst, achte nicht nur darauf, ob es schön quietschig oder kuschelig daherkommt, sondern ebenso darauf, dass es den Kleinen nicht schadet. Wenn du dem Kind also nicht nur Zeit, sondern auch Zeug schenken willst, schau dich doch mal in einem größeren Bio-Laden um oder auf Internetseiten wie echtkind.de oder greenpicks.de.

Oft ist das Interesse an neuem Spielzeug zu Beginn groß, versiegt dann aber schnell. Das macht das Konzept der Spielzeugkiste so interessant (meinespielzeugkiste.de). Du zahlst eine Flatrate und kannst dafür drei Dinge aus dem 500-teiligen Sortiment so lange behalten, wie dein Kind möchte. Hat es irgendwann genug davon, schickst du es zurück, und ihr könnt euch dafür etwas Neues aussuchen.
Eine andere Idee sind Spieleklassiker aus Holz wie Wikinger-Schach, das Kinder und Erwachsene gemeinsam im Park oder Garten spielen können. Denke daran: Wenn ihr das Geschenk gemeinsam nutzt, stärkt das eure Beziehung am meisten.

MEHR BRAUCHBARES STATT STAUBFÄNGER

Wenn du einem Erwachsenen einen Gegenstand schenken willst, sollte deine erste Überlegung sein, was er wirklich braucht. Vielleicht endlich mal eine echt gute Brotbox aus Edelstahl, damit die Person nicht immer wieder mit Plastik, Frischhaltefolien und Brottüten herumwurschteln muss? Oder eine tolle Glasflasche zum Mitnehmen oder einen schicken Coffee-to-go-Becher? Oder, falls er viel reist, eine BahnCard? Unsere Freundin freut sich bestimmt über einen schicken Jutebeutel mit Statement oder eine hübsche Bio-Seife.

Falls deine Großeltern noch leben: Wie wäre es mit einer wöchentlichen Bio-Kiste für sie? Dann sind sie immer gut mit Vitaminen versorgt und müssen dafür nicht weit fahren oder schleppen. Gute, deutschlandweite Angebote hierzu findest unter oekokiste.de oder bringmirbio.de. Du kannst aber auch völlig ohne Hilfe des Internets – also echt analog – einfach mal mit dem nächsten Bio-Bauernhof in ihrer Nähe reden und eine Vereinbarung treffen.

Bei Müttern kommt hochwertige Naturkosmetik oft besonders gut an. Von so etwas träumt man zwar oft, gönnt es sich selbst aber schließlich nur selten. Auch ein richtig schönes Kleidungsstück aus Bio-Materialien weiß Mama sicher sehr zu schätzen. Wenn du ihr etwas ganz Besonderes schenken möchtest, schau dich doch in einem Atelier für ökofairen Schmuck um. Die Materialien werden hier aus artisanalem Kleinbergbau, also weitaus umweltverträglicher als bei den großen Minen, abgebaut, und die Arbeiter erhalten einen fairen Lohn.

CHALLENGE: NACHHALTIG SCHENKEN

LEVEL 1 **Schenke nur eine Sache, von der du weißt, dass die Person sie lange nutzen wird. Wähle dabei nach Möglichkeit etwas in Bio-Qualität.**

LEVEL 2 **Verschenke deine Zeit oder eine Spende, wie auf Seite 199 vorgestellt.**

Blumen aus konventionellen Geschäften sind oft weit gereist, beispielsweise aus Kenia, und stark gespritzt. Bio-Blumen findest du bei deinem regionalen Ökogärtner. Um den wiederum zu finden, schau mal auf dem Wochenmarkt vorbei, oder check die interaktive Karte unter bio-zierpflanzen.de.

Grußkarten und Geschenkpapier sollten möglichst aus Recyclingpapier bestehen. Wir wollen schließlich nicht die lieben Wünsche mit Waldsterben bezahlen. Hübsche, ökologische Papeterien findest du zum Beispiel unter mehr-gruen.de oder oeko-tussi-shop.de.

Grundsätzlich macht es Sinn, wenn wir uns dem Konsumwahn, der vor allem in der Weihnachtszeit um sich greift, etwas entziehen. Es muss ja nicht gleich gar nichts geben. Aber man kann in der Familie zum Beispiel vereinbaren, dass jeder nur ein Geschenk bekommt, für das die anderen jeweils alle zusammenlegen. Dabei kommen dann gleich viel tollere, hochwertigere Dinge heraus – ein angenehmer Nebeneffekt.

SCHENKEN UND GUTES TUN

Leute, die schon alles haben, brauchen sowieso nur noch den symbolischen Wert. Wie wäre es also, wenn du für sie etwas spendest und so die Welt ein Stückchen besser machst? Bei Oxfam (unverpackt.oxfam.de) kannst du quasi einen ganzen Streichelzoo verschenken: Ziegen, gackernde Hühner oder gleich eine bunte Herde Tiere. Die landen nicht etwa beim Geburtstagskind. Sondern sie werden armen Familien beispielsweise in Afrika gespendet, die so ihre Ernährung sichern können.

Oder wie wäre es mal mit Bäumen statt Blumen? Du liest richtig: Bei »Plant for the Planet« (plant-for-the-planet.org) kannst du deinem Liebsten für jeden Euro, den du spendest, einen echten Baum in Mexiko pflanzen lassen. Der Beschenkte kann die Bäume in seinem Namen im virtuellen Wald pflanzen und sich mit seinem persönlichen Lieblingsbaum dort verewigen. Damit sichert ihr irgendwie ja auch eure gemeinsame Zukunft, romantischer geht es also quasi gar nicht!

VERANTWORTUNG ÜBERNEHMEN

Wir haben nur diese eine Erde. Das scheinen viele immer wieder zu vergessen. Wir haben keine Zeit mehr, um nach dem Prinzip »nach mir die Sintflut« zu leben – sonst kommt sie durch die Klimaerwärmung bald wirklich. Wenn wir einmal begriffen haben, worauf es ankommt, geht es darum, es auch umzusetzen. Unsere Taten sprechen lauter als unsere Worte.

Jedes Jahr machen Umweltorganisationen auf den sogenannten Welterschöpfungstag aufmerksam. Ab diesem Tag überziehen wir gleichsam unser Konto, nicht mit Geld, sondern mit den Ressourcen dieser Erde. Als der Welterschöpfungstag zum ersten Mal öffentlich ausgerufen wurde, im Jahr 1995, fand er am 21. November statt. Erschrocken raunte man: Wir leben auf Pump, wir müssen etwas tun. Haben wir aber nicht gemacht. Beziehungsweise haben wir das Gegenteil getan. Der Welterschöpfungstag ist im Lauf der Jahre immer weiter nach vorn gerückt. Und so fiel er im Jahr 2017 auf den 2. August.

Wenn wir so weitermachen, brauchen wir schon im Jahr 2030 zwei Erden. Wir haben nur die eine. Sie war mal wunderschön und ist es im Grunde immer noch. Aber wir müssen das Chaos aufräumen, das wir angerichtet haben, sie wieder frei atmen lassen und die Narben des Kohleabbaus sich schließen lassen.

Die Bevölkerungsexplosion ist nicht das Kernproblem. Der Soziologe und Ökonom Prof. Klaus Leisinger brachte es folgendermaßen auf den Punkt: »Würden alle Menschen so leben wie brasilianische Urwaldindianer, könnte die Erde 20 bis 30 Milliarden Menschen tragen. Würden alle so viele Ressourcen verbrauchen wie die Einwohner der USA, wäre die ökologische Tragfähigkeit schon heute überschritten.«

BLEIB STANDHAFT

Wenn wir den Willen haben, uns zu verändern, dann kommt es im nächsten Schritt auf unsere Standhaftigkeit an. Denn nicht jeder wird uns bei unserem Versuch, nachhaltiger zu leben, zujubeln. Nicht unser Partner, der ja immerhin direkt betroffen ist (es sei denn, er vollzieht den Sinneswandel zeitgleich mit dir, dann bist du gesegnet). Nicht unsere Freunde, die es irgendwie nervt, dass du nicht mitwillst zum Burgerladen. Aber sogar vollkommen Fremde werden dich angehen, wenn sie hören, dass du dir Mühe gibst.

So ging es mir jedenfalls. Wenn ich auf Instagram meine ersten Gehversuche in meinem neuen nachhaltigeren Lebensstil postete, erntete ich viel Zustimmung, aber ebenso vereinzelt giftige Kommentare. Mir kam es beinahe so vor, als würden sie erst verstummen, wenn ich nur noch nackt vor einem Baum säße. »Wie kannst du von Nachhaltigkeit reden, wenn du noch ...«

Lass dir von solchen Miesepetern nicht den Wind aus den Segeln nehmen. Eine Dame schrieb mir im freundlichsten Säuselton, ob ich denn nicht wüsste, dass Plastik auch in der Medizin, beispielsweise in Form von Schläuchen in Krankenhäusern eingesetzt werde und damit viel Gutes bewirke. Meine Liebe, habe ich lächelnd erwidert, ich mache mich nicht gegen Medizinprodukte stark, sondern gegen sinnlosen Müll in der Welt. Lass dich nicht verwirren oder in die Irre führen, wenn derartige scheinbar nett verpackte Kommentare erscheinen. Sie kommen von den Menschen, die sich durch dein Vorbild angepikst fühlen.

Eigentlich ist das eine gute Nachricht. Denn es heißt, etwas arbeitet schon in ihrem Inneren, auch wenn sie noch versuchen, es abzuwehren. Wenn neue Informationen einen gewohnten Lebensstil infrage stellen, rutscht der Mensch erst einmal in einen Zustand der »kognitiven Dissonanz«, so nennen das die Psychologen. Das ist ein sehr unbequemer Zustand, aus dem unser Gehirn so schnell wie möglich herauswill. Es heißt, dass verschiedene Informationen in unserem Gehirn in Widerspruch miteinander stehen. Diesen Konflikt versucht es, schnellstmöglich aufzulösen. Und dazu beginnt es meist erst einmal, die neue Information aggressiv infrage zu stellen und so möglichst abzuwehren. Weil Abwehr deutlich einfacher ist, als tatsächlich die eigenen Gewohnheiten zu ändern. Das Gehirn sucht den Weg des geringsten Widerstands. So sind wir nun mal gestrickt.

Erst wenn die neuen Informationen zu klar, zu überwältigend sind, kann das Gehirn nicht mehr anders als zuhören.
Ich hoffe, ich konnte dir in diesem Buch genügend Informationen vermitteln, mit denen du vor anderen deinen Neustart begründen kannst. Wobei du natürlich niemandem Rechenschaft schuldig bist. Du machst dein Ding. Denn du bist dein eigener Chef. Und du bist wunderbar.

IN DIE PRAXIS GEHEN

Ich habe beschlossen, meinen Teil der Verantwortung zu übernehmen, indem ich meine Gedanken, Gefühle und Erlebnisse in den sozialen Medien teile und so einen Raum eröffne, in dem sich Menschen darüber austauschen können. Vielleicht fühlt sich ja auch der ein oder andere etwas inspiriert, das würde mich sehr freuen.
Weil mir das aber nicht reicht, habe ich meinen Zero-Waste-Onlineshop »Natura Lou« im Februar dieses Jahres ins Leben gerufen. Das Verpackungsmaterial holen wir aus dem Supermarkt nebenan, der die Kartons einfach wegschmeißt. So werden sie weiterverwendet.
Wir versuchen, Produkte anzubieten, die in Deutschland hergestellt wurden. Da, wo das nicht möglich ist, leisten wir Kompensationszahlungen für den CO_2-Ausstoß beim Transport. Es kann sein, dass Besteller manchmal ein paar Tage länger als gewohnt auf ihre Sendung warten müssen. Weil ich die Kartons nämlich etwa einmal pro Woche gebündelt versende. Der Strom für unser Büro stammt dabei von der Solaranlage auf dem Dach.
Ein beruflicher Wechsel oder ein zweites Standbein sind eine große Umstellung, und ich weiß, dass so ein Wandel nicht für jeden zu jederzeit möglich ist. Das macht nichts. Jeder tut das, was er kann. Schön wäre das jedenfalls. Im Moment wirkt es fast wie eine Kehrtwende, ein nonchalantes »Ist doch jetzt auch egal, was die deutsche Politik veranstaltet«. Früher festgelegte Klimaziele interessieren plötzlich nicht mehr. Zukunft? Nur wichtig bis zur nächsten Wahl.
Gleichzeitig schürt die Werbung die Begehrlichkeiten weiter. Doch je mehr unsere Ansprüche wachsen, desto mehr wachsen Müllberge, steigen die Schadstoffwerte und die globalen Temperaturen. Wann fragen wir uns eigentlich mal, ob wir auch etwas zurückgeben können?

SCHLUSSBEMERKUNG

Im Grunde können wir kein Fleckchen in diesem Universum verändern, außer uns selbst. Mein eigener Sinneswandel fing an, als ich mich über eine achtlos weggeworfene Kippe am Strand aufregte. Im Zuge dessen begann ich, Plastik zu sparen. Jetzt weiß ich, dass ich noch so viel mehr tun kann.

Bei der Recherche für dieses Buch habe ich mir einiges an technischem Verständnis anlesen müssen, weil ich gemerkt habe: Ganz ohne geht es eben auch nicht, wenn man tiefer in die Materie eintauchen möchte. Ich habe begriffen, dass ich manche Dinge als extrem wichtig eingeschätzt habe, während ich andere – noch gewichtigere Dinge – bisher kaum beachtet habe. So habe ich mir bis vor Kurzem tatsächlich noch nie wirklich Gedanken um unsere Heizung gemacht – immerhin ein Posten von zwei Dritteln der Energie, die im Privathaushalt verbraucht wird. Auch wenn du also im ersten Moment bei einigen Kapiteln verschreckt gedacht hast: »Oh, Technik, das ist mir zu kompliziert«, hoffe ich, dass du dir dennoch die Zeit genommen hast, hineinzulesen. Wer Technik benutzen kann, kann auch ihre Grundlagen verstehen.

Falls du weiblich bist: Lass dich nicht von der Gehirnwäsche herunterziehen, die viele von uns als Kind noch von der Gesellschaft bekommen haben, so nach dem Motto »Du bist ein Mädchen, du verstehst so etwas nicht«. Einige der wichtigsten naturwissenschaftlichen Forscher waren und sind Frauen. Und wenn wir wirklich etwas bewegen wollen auf der Welt, müssen wir bei Diskussionen ebenso harte Fakten darlegen. Natürlich können wir das. Wir müssen uns nur trauen. Und an uns glauben.

Wenn wir unsere Erde retten wollen, dann brauchen wir Stärke. Wir müssen uns frei machen von negativen Glaubenssätzen, die uns nur runterziehen und zum Teil dazu geführt haben, dass wir uns nun in so einer krassen Lage befinden. »Ich bin nur was wert, wenn ich viel konsumiere« ist zum Beispiel so ein Glaubenssatz, mit dem uns die Werbung tagtäglich zu indoktrinieren versucht. Und sie trifft viele damit mitten ins Herz. Denn wir Menschen sind soziale Wesen. Wir suchen und brauchen ein Stück weit die Anerkennung, Zuneigung und Liebe der anderen. Nur müssen wir andere Wege finden, diese zu bekommen – und zu geben.

Der Mensch kann brutal sein. Nicht nur zur Erde, auch zu seinen Mitmenschen. Wie oft tun wir uns gegenseitig mit Worten Gewalt an? Auch mir tun manche Worte weh. Wir leben in der Generation, in der man lieber mit dem Finger auf andere zeigt, anstatt vor der eigenen Tür zu fegen und mit sich selbst im Einklang zu leben.

Wir sind verdammt noch mal gut, so, wie wir sind. In all unseren Facetten. Wie wollen wir unsere Erde gut behandeln, wenn wir nicht einmal einander wertschätzen, uns gegenseitig vielleicht sogar wie Dreck behandeln?

Wir haben zwei Zuhause. Die Erde und unseren Körper. Wir selbst können nicht dauerhaft gesund bleiben, wenn unser Heimatplanet kränkelt. Wir Menschen haben unserem wunderbaren Planeten in den vergangenen Jahrzehnten viel zugemutet. Deshalb müssen wir jetzt mit der Heilung anfangen.

Egal, wozu du dich entscheidest, es ist erst mal wichtig, überhaupt irgendetwas zu tun. Und dann im besten Fall auch dranzubleiben. Das ist wie beim Training: Wenn man nur im Sommer läuft, baut man im Winter die Kondition wieder komplett ab. Kontinuität heißt deshalb das Zauberwort. Suche dir in diesem Buch mindestens eine Sache, die du durchziehen kannst – dauerhaft. Alles andere ist dann ein Bonus. Je mehr du schaffst, desto mehr freut sich die Umwelt. Aber jeder Beitrag zählt. Vor allem wenn jeder von uns etwas tut. Denn zusammen sind wir viele. Und das hat Gewicht.

Alle deine Entscheidungen sind deine – ganz allein deine. Spüre Tag für Tag in dich hinein, was sich für dich richtig anfühlt. Wenn sich das mal ändert, ist das auch in Ordnung. Denn die Wahrnehmung unseres Selbst, unserer eigenen Gefühle, ist die Basis für einen positiven Wandel in der Welt. Solange wir meinen, wir müssten alle funktionieren wie kleine Maschinen und die Wünsche anderer erfüllen, wird das nichts. Dann arbeiten wir zu viel, kaufen zu viel, haben zu wenig Zeit und Freude im Leben. Das Leben kann so schnell vorbei sein. Das habe ich gemerkt, als ich am Herzen operiert wurde. Jeder Moment hier ist kostbar. Die Welt, die Natur – sie sind kostbar. Wenn wir beginnen, uns selbst aufrichtig zu lieben, können wir auch unser Herz für unsere Mitmenschen und unsere Umwelt weit öffnen.

Folgt eurem Herzen. Es ist wichtiger, sein Bestes zu geben, als der Beste zu sein. Immer.

DANKSAGUNG

Zuallererst möchte ich Deborah danken, denn ohne sie hätte ich so manch eine Sichtweise nicht geändert und viele Dinge nicht hinterfragt.

Außerdem möchte ich meiner ganzen Familie danken, dass sie hinter meinem Vorhaben, mich umweltbewusster zu verhalten, steht und mich bei jedem meiner Schritte unterstützt hat. Ein ganz besonderer Dank gilt meinem Papa, der mit mir mein Verhalten an einigen Stellen reflektiert und mir schon in frühen Jahren das energiesparende Heizen erklärt hat.

Ein weiteres besonderes Dankeschön möchte ich meinem Freund aussprechen. Nicht nur dass er jeden Lebensabschnitt und jede Veränderung in unserer Beziehung annimmt. Er geht den Weg gemeinsam mit mir und ist offen für filterlosen Kaffee.

Ich danke meinen Freundinnen, die mir stets den Rücken stärken und sich immer für das Thema interessiert haben. Ihr habt nach festem Deo gefragt und achtet beim Einkaufen nun auf plastikfreie Paprika.

Nicht vergessen möchte ich meine Follower. Egal, ob auf Instagram, auf meinem Blog oder im realen Leben. Mit euch zu kommunizieren, mich auszutauschen und konstruktiv zu diskutieren, bereichert mich in vielen Lebenslagen.

Und ohne euch, liebe Verlegerinnen und Lektorin Diana Napolitano, wäre dieses Buch gar nicht zustande gekommen. Deshalb auch an euch ein riesiges Dankeschön. Fühlt euch in diesem Sinne alle von mir gedrückt – auf ein baldiges Leitungswasser mit Edelstahlstrohhalmen.

Eure Lou

QUELLEN

BÜCHER

Die ÖKO-Challenge. Bewusster leben und konsumieren. 52 Tipps für eine bessere Welt. Komplett-Media 2017

Knierim, B.: *Ohne Auto leben.* Promedia 2016

Lesch, H.: *Die Menschheit schafft sich ab. Die Erde im Griff des Anthropozän.* Komplett-Media 2016

Rohde, M. & Ilona Koglin: *Und jetzt retten wir die Welt: Wie du die Veränderung wirst, die du dir wünschst.* Kosmos Verlag 2016

Leisinger, K.: *Die Grenzen des Wachstums. Bericht des Club of Rome zur Lage der Menschheit.* München 1972

INTERNETPORTALE UND BLOGS

www.utopia.de
www.umweltbundesamt.de
www.eingutertag.org
www.co2online.de
www.duh.de
www.nabu.de
www.bund.de
www.verbraucherzentrale.de
www.plastic-planet.de
www.oeko.de
www.forum-waschen.de
www.stromeffizienz.de
www.statista.de
www.umweltinstitut.org
www.regenwald.org
www.greenpeace.de
www.wwf.de
www.smarticular.net
www.oekotest.de
www.test.de
www.codecheck.de
www.zudenwurzeln.net
www.plantfortheplanet.org

ZUM WEITERLESEN

Müll & Verpackungen

https://www.welt.de/politik/deutschland/article147664176/Deutsche-sind-Europameister-im-Muell-Produzieren.html

https://www.umweltbundesamt.de/daten/ressourcen-abfall/verwertung-entsorgung-ausgewaehlter-abfallarten/kunststoffabfaelle

http://www.plastic-planet.de/hintergrund_plastikalsproblem.html

https://reset.org/blog/darfs-noch-eine-tuete-sein-600-milliarden-plastik-tueten-jedes-jahr

http://www.rp-online.de/panorama/ausland/verbot-in-kenia-32000-euro-strafe-fuer-plastiktueten-nutzer-aid-1.7040605

https://www.tagesspiegel.de/weltspiegel/gigantische-umweltprobleme-der-ozeane-mehr-plastik-als-plankton/19898494.html

https://reset.org/knowledge/plastic-ocean-plastikinseln-im-meer

CO_2

https://www.umweltbundesamt.de/themen/klima-energie/internationale-eu-klimapolitik/klimarahmenkonvention-der-vereinten-nationen-unfccc

https://idblog.hdm-stuttgart.de/dund/files/2013/04/TW-52_2008_Bilanz-eines-T-Shirts.pdf

https://www.bmub.bund.de/themen/klima-energie/klimaschutz/internationale-klimapolitik/pariser-abkommen/

http://www.klimaretter.info/energie/hintergrund/24192-usa-belegen-solarindustrie-mit-strafzoll

http://www.faz.net/aktuell/wirtschaft/umweltministerin-barbara-hendricks-wirft-angela-merkel-untaetigkeit-vor-15242016.html

https://www.strom-magazin.de/info/stromerzeugung-in-deutschland/

https://www.eingutertag.org/de/id-100-punkte.html

Lebensmittel

http://www.europarl.europa.eu/news/de/headlines/society/20170505STO73528/lebensmittelverschwendung-in-der-eu-infografik

https://www.zugutfuerdietonne.de/warum-werfen-wir-lebensmittel-weg/wie-viel-werfen-wir-weg/

https://www.wiwo.de/technologie/green/lebensmittelverschwendung-1-3-milliarden-tonnen-landen-im-muell/13552868.html

https://www.bmbf.de/pub/Nahrung_fuer_Milliarden.pdf

http://www.pestizidexperte.de

https://www.berliner-zeitung.de/politik/gruenenanfrage-fraktionsvize-gibt-bundesregierung-schuld-an-steigenden-pestizidwerten-26883948

http://www.arm-aber-bio.de

https://www.welt.de/wirtschaft/article160308228/Deutschland-ist-Europameister-im-Schweineschlachten.html

http://www.faszination-regenwald.de/info-center/zerstoerung/soja.htm

http://www.fishforward.eu/de/project/ueberfischung-eine-tatsache-in-zahlen/

http://www.g-e-h.de/die-geh1/rote-liste

Haushalt

http://www.isfoundation.com

http://www.haz.de/Nachrichten/Politik/Deutschland-Welt/Der-Griff-nach-dem-Strohhalm

https://www.tagesspiegel.de/weltspiegel/umweltschutz-frankreich-verbietet-ab-2020-plastikbesteck/14575298.html

http://www.handelsblatt.com/technik/energie-umwelt/verpackungsmuell-papiertuete-schneidet-schlechter-ab-als-die-einwegplastiktuete/20839916-2.html

Bad & Schlafzimmer

http://www.scinexx.de/wissen-aktuell-22432-2018-02-19.html

http://nachhaltig-sein.info/privatpersonen-nachhaltigkeit/der-pro-kopf-wasserverbrauch-in-deutschland-eine-ubersicht

http://www.news.de/panorama/855445064/tag-des-toilettenpapiers-die-besten-fakten-zum-klopapier/1/

https://www.galileo.tv/earth-nature/maennliche-fische-legen-ploetzlich-eier-und-die-antibabypille-ist-schuld/

http://www.taz.de/Kosmetik-in-Schweden/!5483093/

https://portals.iucn.org/library/node/46622

Wohnen

http://www.umweltinstitut.org/themen/energie-und-klima/fracking.html

https://daserste.ndr.de/panorama/aktuell/Wo-landen-unsere-Schrottfernseher,gpsjagd154.html

https://utopia.de/ratgeber/nachhaltig-tablets-notebooks-fernseher/

https://www.verivox.de/nachrichten/verivox-verbessert-oekostromrechner-mit-co$_2$-ausstoss-11473/

Gärtnern, Bienen und andere Insekten

https://www.nabu.de/umwelt-und-ressourcen/oekologisch-leben/mission-gruen/17063.html

https://www.smarticular.net/samenbomben-seed-bomb-einfach-selber-machen/

http://www.andernach.de/de/leben_in_andernach/essbare_stadt.html

http://www.dgg1822.de/index.php?option=com_content&view=article&id=272:andernach-gesamtsieger-des-wettbewerbs-qlebenswerte-stadtq&catid=35:aktuelle-infos&Itemid=106

https://ec.europa.eu/eusurvey/runner/public_consultation_on_an_EU_initiative_for_pollinators

http://www.bee-careful.com/de/initiative/der-einfluss-von-bienen-auf-unsere-taegliche-ernae/

http://www.spektrum.de/news/wie-sehr-schaden-neonicotinoide-den-bienen-tatsaechlich/1523993

Mobilität

http://www.augsburger-allgemeine.de/wirtschaft/Ist-ein-Elektroauto-wirklich-besser-fuer-die-Umwelt-id42300426.html

https://www.kba.de/SharedDocs/Publikationen/DE/Statistik/Fahrzeuge/FZ/2017/fz12_2017_pdf.pdf?__blob=publicationFile&v=3

http://www.augsburger-allgemeine.de/wirtschaft/Ist-ein-Elektroauto-wirklich-besser-fuer-die-Umwelt-id42300426.html

https://www.bmub.bund.de/themen/gesundheit-chemikalien/gesundheit-und-umwelt/luftreinhaltung/stickstoffoxide/

https://www.test.de/FAQ-Fahrverbote-in-Innenstaedten-Diesel-muessen-draussen-bleiben-5289480-0/?m_i=_ybR3IPqFgaZ%2B2Fp5qV83DfQrkRlzm2L6A68y3RNXmYJfHY5P-7Z0gUyNVfc7n0IFbpjKXVzYLcXnPshRBo4b-Q7Nuvj5DFb

REGISTER